BIOLOGIA

BIOLOGIA

50 conceitos e estruturas fundamentais explicados de forma clara e rápida

Editores
Nick Battey e **Mark Fellowes**

Colaboradores
Nick Battey
Brian Clegg
Phil Dash
Mark Fellowes
Henry Gee
Jonathan Gibbins
Tim Richardson
Tiffany Taylor
Philip J. White

Ilustrações
Steve Rawlings

PUBLIFOLHA

Título original: *30-Second Biology*

Publicado originalmente no Reino Unido em 2016 pela The Ivy Press Limited, um selo editorial da Quarto Publishing plc., Ovest House, 58 West Street, BN1 2RA, Brighton, Inglaterra.

Copyright © 2016 The Ivy Press Limited
Copyright © 2017 Publifolha Editora Ltda.

Todos os direitos reservados. Nenhuma parte desta obra pode ser reproduzida, arquivada ou transmitida de nenhuma forma ou por nenhum meio sem a permissão expressa e por escrito da Publifolha Editora Ltda.

Proibida a comercialização fora do território brasileiro.

Coordenação do projeto **Publifolha**
Editora-assistente **Isadora Attab**
Produtora gráfica **Samantha Monteiro**

Produção editorial **Página Viva**
Edição **Tácia Soares**
Tradução **Ana Muriel**
Revisão **Lilian de Lima**
Diagramação **José Rodolfo Arantes de Seixas**
Consultoria **André Melo de Souza**, biólogo **pela Universidade de São Paulo**

Edição original **Ivy Press**
Publisher **Susan Kelly**
Diretor de criação **Michael Whitehead**
Diretor editorial **Tom Kitch**
Editora contratada **Stephanie Evans**
Editor do projeto **Joanna Bentley**
Designer **Ginny Zeal**
Ilustrações **Steve Rawlings**
Textos dos glossários **Charles Phillips**
Colaboradores **Nick Battey, Brian Clegg, Phil Dash, Mark Fellowes, Henry Gee, Jonathan Gibbins, Tim Richardson, Tiffany Taylor, Philip J. White**

Dados Internacionais de Catalogação na Publicação (CIP)
(Câmara Brasileira do Livro, SP, Brasil)

Biologia : 50 conceitos e estruturas fundamentais explicados de forma clara e rápida / editores Nick Battey e Mark Fellowes ; [tradução Ana Muriel]. -- São Paulo : Publifolha, 2017. -- (50 conceitos)

Título original: 30-second biology.
ISBN 978-85-68684-98-6

1. Biologia - Miscelânea 2. Biologia - Obras populares I. Battey, Nick. II. Fellowes, Mark. III. Série.

17-07035   CDD-574

Índices para catálogo sistemático:
1. Biologia 574

Este livro segue as regras do Acordo Ortográfico da Língua Portuguesa (1990), em vigor desde 1º de janeiro de 2009.

Impresso na China.

PubliFolha
Divisão de Publicações do Grupo Folha
Al. Barão de Limeira, 401, 6º andar
CEP 01202-900, São Paulo, SP
www.publifolha.com.br

SUMÁRIO

6 Introdução

10 Vida
12 GLOSSÁRIO
14 Origem da vida – Vírus
16 Arqueas
18 Bactérias
20 **Perfil: Lynn Margulis**
22 Protistas
24 Fungos
26 Vegetais
28 Animais
30 Polêmica: Vida sintética

32 Genes
34 GLOSSÁRIO
36 DNA, RNA e proteínas
38 Genética mendeliana
40 Genética populacional
42 Epigenética
44 Genômica e ciências relacionadas
46 **Perfil: Bill Hamilton**
48 Polêmica: Teste genético

50 De genes a organismos
52 GLOSSÁRIO
54 Células e divisão celular
56 Comunicação celular
58 **Perfil: Harald zur Hausen**
60 Imunidade
62 Neurônios
64 Músculos
66 Sistema circulatório
68 Polêmica: Células-tronco

70 Crescimento e reprodução
72 GLOSSÁRIO
74 Desenvolvimento e reprodução das bactérias
76 Desenvolvimento dos animais
78 Reprodução dos animais
80 Desenvolvimento dos vegetais
82 Reprodução dos vegetais
84 Câncer
86 **Perfil: Elizabeth Blackburn**
88 Polêmica: OGMs

90 Energia e nutrição
92 GLOSSÁRIO
94 Respiração
96 **Perfil: Norman Borlaug**
98 Fotossíntese
100 Metabolismo
102 Nutrição
104 Excreção
106 Senescência e morte celular
108 Polêmica: Biocombustíveis

110 Evolução
112 GLOSSÁRIO
114 Adaptação e especiação
116 Seleção sexual
118 Coevolução
120 **Perfil: Charles Darwin**
122 Mutualismos
124 Comportamento
126 Filogenia global
128 Polêmica: Por que envelhecemos?

130 Ecologia
132 GLOSSÁRIO
134 Biogeografia
136 Ecologia populacional
138 Redes tróficas
140 Energética dos ecossistemas
142 **Perfil: Jane Goodall**
144 Biologia da mudança climática
146 Espécies invasoras
148 Extinção
150 Polêmica: O antropoceno

152 Apêndices
154 Fontes de informação
156 Sobre os colaboradores
158 Índice
160 Agradecimentos

INTRODUÇÃO
Nick Battey e Mark Fellowes

Faz pouco mais de 200 anos que o termo "biologia" foi criado para identificar a parte do mundo natural capaz de se reproduzir e se sustentar. Ao tentar explicar as características incomuns dos seres vivos, a biologia atraiu, no princípio, o pensamento vitalista – suposição de que a vida requer algum tipo de "força misteriosa" para existir. No entanto, o desenvolvimento da teoria celular, da fisiologia e da teoria da evolução, no século XIX, revelou aos poucos como a vida realmente funciona. No século XX, a genética, a bioquímica, a biologia molecular e a biologia do desenvolvimento ajudaram a determinar claramente os mecanismos que permitem à vida se manter, mostrando como os aspectos e processos característicos dos organismos são regulados durante a vida de cada indivíduo e transmitidos de geração para geração. No mesmo século, disciplinas como ecologia, biologia evolutiva e biogeografia foram muito importantes para entendermos o comportamento dos organismos e como eles se relacionam entre si e com o meio ambiente. Já as subdisciplinas da zoologia, botânica, microbiologia e virologia elucidaram em detalhes como a vida se comporta nos diferentes reinos, enquanto a taxonomia e a sistemática organizaram a hierarquia e a classificação dos seres vivos.

A ciência do século XXI
Os domínios da biologia continuam a se expandir, e não é exagero dizer que essa é a ciência do século XXI, pois está relacionada à maioria das principais questões da atualidade. Enquanto a biomedicina – que engloba a medicina regenerativa e a genética médica – tem explorado o conhecimento biológico com a ambição de oferecer um controle cada vez maior sobre a vida, as doenças e a morte, outros campos da biologia tratam de temas cruciais que ameaçam a humanidade, como mudança climática, crescimento populacional, poluição, escassez de alimentos, destruição de recursos naturais e desequilíbrio dos ecossistemas.

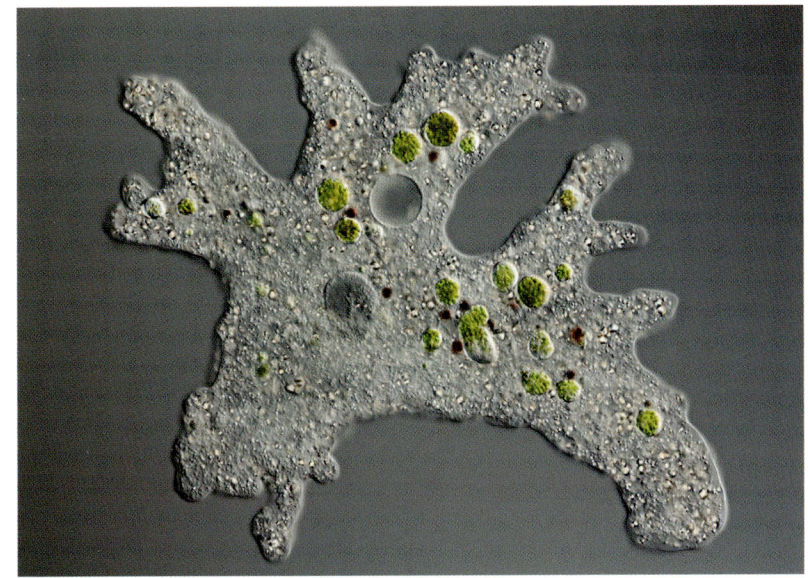

A Amoeba proteus é um minúsculo organismo unicelular encontrado em ambientes de água doce.

Por suas características integrativas e ecológicas, de certo modo a biologia assume as consequências dos avanços da ciência. Como disciplina dominante no Antropoceno (a nova época geológica proposta para representar a atual dominação humana do planeta, *p. 150*), ela condiciona nossas ações e o modo como lidamos com seus resultados. Ou seja, quase tudo que interessa é afetado pela biologia.

O único tema importante que parece ter ficado de fora dessa avaliação é a cultura. Em termos gerais, podemos considerá-la como a consequência da consciência humana, passada de geração a geração não pelos genes, mas por alguma forma de transmissão mental. Esse território pertence à psicologia, disciplina que lida com a mente humana e que, por ter uma natureza e tradições bem diferentes das da biologia, não foi contemplada neste livro. No entanto, pode-se afirmar com certeza que explicações biológicas acuradas sobre o funcionamento da mente – e eventualmente da cultura – serão consideradas avanços importantes quando reexaminadas em algumas décadas. Uma edição de 2050 deste livro certamente incluirá a ciência da mente como um dos assuntos principais.

Críticos podem argumentar que as explicações biológicas da mente e da cultura que ela gera são prosaicas: o que importa não é o que origina a cultura mas o que esta significa para nós, um território no qual os aspectos biológicos são de pouco interesse. Porém, é inegável o papel

O impacto da mudança climática e dos assentamentos humanos no habitat alpino do leopardo-das-neves colocou a espécie em ameaça de extinção.

central da biologia para a manutenção da vida da espécie humana. Como lidaremos com o rápido crescimento (e envelhecimento) da população e a destruição do meio ambiente, e como traçaremos os limites do que podemos ou não fazer com nosso poder biológico, serão questões críticas cuja solução exigirá todo nosso conhecimento biológico e cultural.

Como funciona este livro

Cada um dos 50 conceitos deste livro é apresentado de forma clara e concisa em uma única página e em um único parágrafo. As matérias são acompanhadas de uma "Síntese", que revela fatos importantes de modo objetivo, e de uma "Dissecação", que explora um aspecto instigante, peculiar ou intrigante do assunto em questão. Cada capítulo traz a biografia de um pioneiro ou de uma autoridade na matéria – nomes como Norman Borlaug, criador do trigo semianão de alto rendimento, responsável por salvar milhões de vidas da fome e aclamado como "pai da revolução verde".

O livro começa pelo capítulo **Vida**, que explora os principais grupos de organismos. Em seguida, **Genes** traça um mapa detalhado da vida, enquanto **De genes para organismos** mostra como as informações codificadas pelos genes são transformadas em células e tecidos. O capítulo seguinte contempla **Crescimento e reprodução** de plantas, animais e bactérias. **Energia e nutrição** examina a transformação da energia em vida e explica como os processos vitais mantêm o corpo e são por ele mantidos. Por fim, os capítulos **Evolução** e **Ecologia** discutem as origens da vida, como organismos coexistem e as tensões peculiares inseridas nessas relações pelo desmesurado crescimento da espécie humana, que ameaça desestabilizar todo o equilíbrio do planeta. O desenvolvimento da biologia é um fator causador de tal desequilíbrio, mas entender como a vida funciona e como os organismos se relacionam nos parece algo intrinsecamente belo. Vamos ver se esse ainda será um tema de discussão em 2050.

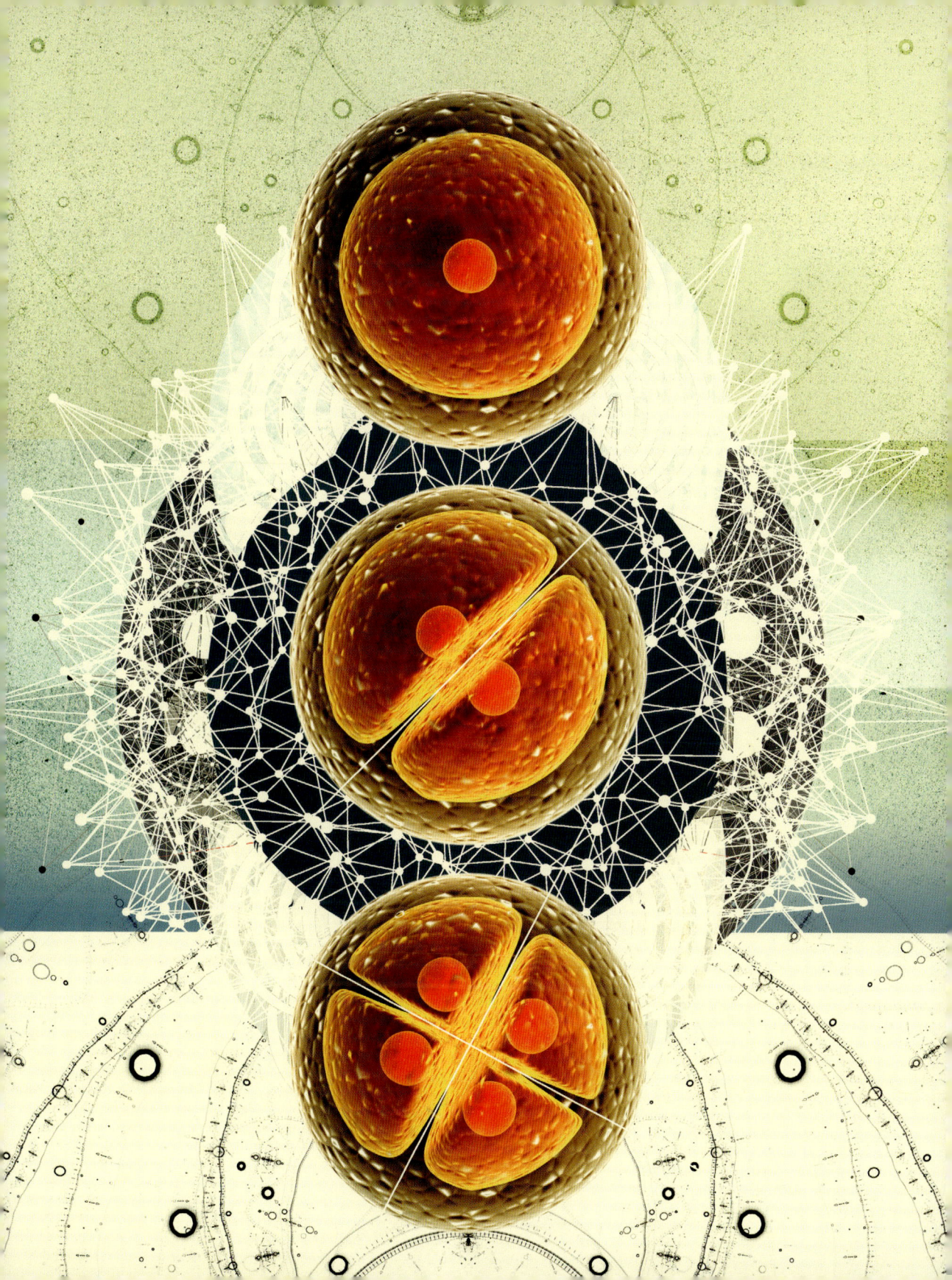

VIDA

VIDA
GLOSSÁRIO

biofilme Comunidade autossuficiente de bactérias na qual diferentes espécies podem colaborar, umas reciclando os dejetos de outras. A placa bacteriana é um biofilme.

célula A menor unidade de um organismo, geralmente, mas não exclusivamente, constituída de núcleo e citoplasma envolvidos por uma membrana. Muitos organismos microscópicos – como bactérias e leveduras – são formados por apenas uma célula.

centríolos Organelas (compartimentos das células) encontradas aos pares perto do núcleo das células animais. Desempenham papel fundamental na divisão celular.

cianobactéria Organismo procariótico unicelular que obtém energia por meio da fotossíntese. Também conhecida como alga verde-azulada, é a mais antiga forma de vida conhecida na Terra – fósseis encontrados na Austrália ocidental datam de 3,5 bilhões de anos atrás.

citoplasma Parte da célula que rodeia o núcleo (em células eucariontes) ou ocupa toda a área intracelular (em células procariontes) e é envolta pela membrana mais externa da célula, chamada membrana celular.

clonagem Reprodução assexuada de cópias geneticamente idênticas de um organismo ou célula original. A clonagem ocorre naturalmente, já que células do corpo de animais e plantas são essencialmente clones do ovo fertilizado original. Células também podem ser clonadas em laboratório, por exemplo, pelo processo de remoção do núcleo de um óvulo para substituí-lo por outro do tipo da célula que se deseja clonar.

cloroplasto Plastídio (tipo de organela) presente nas células de plantas verdes, no qual ocorre a fotossíntese.

coanoflagelados Eucariontes microscópicos unicelulares de vida livre que seriam os ancestrais evolutivos dos animais. Contêm organelas com formato de chicote conhecidas como *flagelos*.

DNA Ácido desoxirribonucleico, molécula portadora da informação genética codificada que transmite traços hereditários. O DNA é encontrado nas células de todo procarionte e eucarionte.

Dolly, a ovelha Primeiro mamífero a ser clonado a partir de uma célula adulta. Em 1996, equipe formada por membros do Roslin Institute e da empresa de biotecnologia PPL Therapeutics clonou Dolly, uma ovelha doméstica, a partir de uma célula da glândula mamária de outra ovelha. O método empregado foi o da transferência nuclear, pelo qual adiciona-se novo material genético a uma célula que teve o material original removido. Dolly era geneticamente idêntica à ovelha que forneceu o DNA. Ela viveu mais de seis anos e meio, de 5 de julho de 1996 a 14 de fevereiro de 2003.

esporo Unidade reprodutiva unicelular encontrada em algumas plantas e fungos.

eucarionte Organismo ou célula que possui núcleo diferenciado.

fotossíntese Processo pelo qual as plantas verdes produzem seu alimento (açúcar e amido) a partir de água e dióxido de carbono, liberando oxigênio como subproduto. A fotossíntese é alimentada pela energia da luz solar, captada pela clorofila encontrada nos cloroplastos das células de tais plantas.

gene Unidade de hereditariedade localizada em um cromossomo. Os genes são constituídos de DNA, exceto em alguns vírus, em que são formados por RNA.

geneticamente modificado Organismo modificado geneticamente, em geral para produzir características desejáveis como, por exemplo, resistência a pestes em uma planta.

genoma Sequência de DNA completa de um conjunto (lote) de cromossomos de uma célula ou organismo.

mitocôndria Organela encontrada na maioria das células eucariontes, na qual ocorre a produção de energia e a respiração aeróbia.

núcleo Organela central da maioria das células eucariontes, contém material genético; delimitado por uma película dupla, a membrana nuclear.

organela Compartimento ou estrutura dentro de uma célula.

procarionte Organismo unicelular que não contém núcleo diferenciado nem outras organelas membranosas.

protistas Grupo de organismos relacionados de forma distante, na maioria microscópicos, cada um consistindo normalmente de uma única célula. Alguns, como as algas, contêm cloroplastos e se parecem com plantas, enquanto outros, como as amebas, lembram animais. Um terceiro subgrupo está mais próximo dos fungos.

RNA Ácido ribonucleico. Molécula presente em todas as células vivas que desempenha papel fundamental na síntese de proteínas. Em alguns vírus, o RNA, e não o DNA, porta as informações genéticas.

simbiogênese Teoria de que os organismos eucarióticos teriam evoluído por meio de associações com bactérias procarióticas.

ORIGEM DA VIDA – VÍRUS

A vida surgiu na Terra há mais de 3,5 bilhões de anos, menos de 1 bilhão de anos após a formação do planeta em si. Não se sabe exatamente como eram as primeiras formas de vida – sistemas químicos rudimentares e autorreprodutores. Contudo, temos conhecimento da ocorrência de complexos orgânicos na superfície de cometas e de partículas de gelo no espaço. Acredita-se que grande parte da água da Terra provenha desses corpos celestes, portanto é possível que os ingredientes para a vida terrestre tenham chegado do cosmos. As estruturas mais simples conhecidas atualmente são os vírus, formados por uma reduzida quantidade de material genético revestida por um envoltório proteico e tão pequenos que só podem ser vistos por um microscópio eletrônico. Argumenta-se que mal podem ser considerados vivos, pois são completamente inertes a não ser que infectem células vivas, das quais dependem para se reproduzir e se propagar. Ao contaminar uma célula, o vírus se apodera de seu mecanismo para copiar seu material genético (DNA ou RNA) e criar envoltórios proteicos. Eventualmente a célula infectada explode, espalhando milhares de novos vírus para infectar outras células. Os vírus são mais conhecidos como agentes de doenças humanas – da varíola ao ebola, da gripe ao HIV –, mas podem contaminar organismos de todos os tipos, até mesmo bactérias. O mimivírus, descoberto recentemente, é grande o suficiente para ser infectado por outros vírus.

SÍNTESE
Já foram feitas muitas tentativas para definir a "vida". Talvez ela seja como o jazz – indefinível, mas reconhecível ao experienciá-la.

DISSECAÇÃO
A descoberta do mimivírus sugere que os vírus, hoje bastante simples, evoluíram de formas de vida mais complexas. Ainda assim, o que era a vida pré-viral permanece um mistério, já que até as bactérias mais primitivas apresentam complexidade superior e organização diferente em relação aos maiores vírus conhecidos. O maior de todos é o pandoravírus, descoberto em 2013, e muito diferente de outros vírus; ele pode representar uma forma de vida até então desconhecida e felizmente infecta apenas amebas.

TEMAS RELACIONADOS
BACTÉRIAS
p. 18

PROTISTAS
p. 22

FILOGENIA GLOBAL
p. 126

DADOS BIOGRÁFICOS
LOUIS PASTEUR
1822-1895
Cientista francês que, sem conseguir encontrar o agente causador da hidrofobia (hoje sabidamente um vírus), especulou corretamente que deveria ser muito pequeno para observação com um microscópio comum

DMITRI IOSIFOVICH IVANOVSKI
1864-1920
Botânico russo, foi o primeiro a descobrir o vírus, especificamente o do mosaico do tabaco

CITAÇÃO
Henry Gee

Vírus fazem explodir as células contaminadas, espalhando a infecção para novas células. Causam doenças que vão da gripe comum à poliomielite.

ARQUEAS

Arqueas são minúsculas criaturas unicelulares superficialmente similares às bactérias. Assim como elas, são procariontes, ou seja, ao contrário dos eucariontes (protistas, animais, plantas e fungos), possuem células sem núcleo diferenciado nem compartimentos ou organelas como mitocôndrias ou cloroplastos. Anteriormente pensava-se estarem associadas somente a ambientes exóticos, como fontes termais, mas pesquisas mostraram que, assim como as bactérias, são ubíquas e sobrevivem na maioria dos ambientes. As arqueas produzem o gás metano da flatulência de bovinos e homens, e há algumas específicas ao umbigo humano. Porém, diferentemente das bactérias, nenhuma arquea, até onde se sabe, causa doenças à espécie humana. Em geral, esses seres são envolvidos em mistério – a maioria deles não pode ser cultivada em laboratório, e em muitos casos só temos consciência de sua existência por meio de DNA encontrado no ambiente e depois sequenciado. Estudos de genoma mostram que as arqueas são fundamentalmente distintas das bactérias e, de muitas maneiras, estão mais próximas dos eucariontes – teorias modernas defendem que sejam mesmo os ancestrais destes.

SÍNTESE
Carl Woese sugeriu que arqueas, bactérias e eucariontes formavam os três "domínios" da vida. Como estudos aproximaram as arqueas dos eucariontes, os domínios foram reduzidos a dois.

DISSECAÇÃO
Pesquisas recentes mostraram que arqueas descobertas em sedimentos do solo do oceano Ártico contêm genes antes encontrados apenas em eucariontes. Os chamados Lokiarchaeotas confirmam a teoria de que os eucariontes teriam evoluído das arqueas. Parece provável que uma arquea tenha formado a base para o núcleo da célula eucarionte, tendo os demais componentes – como mitocôndrias, cloroplastos e centríolos – evoluído a partir de associações com bactérias.

TEMAS RELACIONADOS
BACTÉRIAS
p. 18

LYNN MARGULIS
p. 20

FILOGENIA GLOBAL
p. 126

DADOS BIOGRÁFICOS
CARL WOESE
1928-2012
Biólogo americano pioneiro no sequenciamento de genes para provar que as arqueas formam um "domínio" distinto das bactérias

CITAÇÃO
Henry Gee

Ao contrário do que se acreditava, as arqueas não estão limitadas a ecossistemas exóticos como fontes termais, mas são encontradas na maioria dos ambientes.

BACTÉRIAS

Não importa para onde você olhe, sempre vai encontrar bactérias. Apesar dessas criaturas unicelulares serem tão pequenas e visíveis somente com microscópio, sua massa combinada excede a de todas as plantas e animais juntos. Para cada célula em nosso corpo há dez bactérias, a maioria no intestino e na pele. Elas florescem em todo tipo de ambiente: das profundezas da crosta terrestre aos confins do espaço sideral, em cada grão de areia e em cada gota de água. Algumas são responsáveis por doenças como tuberculose, hanseníase, meningite, cólera e peste bubônica, mas muitas vivem em harmonia com animais e plantas e são vitais na reciclagem de nutrientes. As bactérias foram os primeiros seres vivos conhecidos a habitar a Terra, com registros fósseis de mais de 3,4 bilhões de anos. Apesar de não oferecerem muito para se ver – suas formas estão limitadas a hastes, esferas, espirais e poucas outras –, e o interior de suas minúsculas células não mostrar grande coisa em termos de estrutura se comparadas com as de animais, plantas ou protistas, elas se destacam por seu metabolismo eclético: decompõem resíduos, convertem o nitrogênio da atmosfera de modo que plantas e animais possam usá-lo, produzem oxigênio, sem o qual não poderíamos respirar, e ainda transformam o leite em iogurte e queijo.

SÍNTESE
As bactérias foram descobertas pelo pioneiro microscopista Antonie van Leeuwenhoek em 1676, mas levou um século para serem vistas novamente.

DISSECAÇÃO
Bactérias podem formar biofilmes multicelulares, nos quais as células se agregam para compartilhar nutrientes. Esses agrupamentos se acumulam no solo dos oceanos e nos pulmões de pacientes com fibrose cística. Alguns dos mais remotos fósseis visíveis a olho nu são estruturas em camadas chamadas estromatólitos, formadas por cianobactérias. Estas ainda vivem hoje em dia em algumas partes do mundo onde o mar é muito salgado para criaturas que pudessem se alimentar delas.

TEMAS RELACIONADOS
ARQUEAS
p. 16

DESENVOLVIMENTO E REPRODUÇÃO DAS BACTÉRIAS
p. 74

MUTUALISMOS
p. 122

DADOS BIOGRÁFICOS
ROBERT KOCH
1843-1910
Cientista alemão que identificou as bactérias causadoras de cólera-morbo, antraz e tuberculose, precursor do conhecimento moderno sobre doenças infecciosas

PAUL EHRLICH
1854-1915
Cientista alemão, inventor do primeiro antibiótico efetivo contra uma infecção bacteriana, a arsfenamina – considerada uma "bala mágica" contra a sífilis

CITAÇÃO
Henry Gee

Robert Koch e Paul Ehrlich foram pioneiros no estudo das bactérias.

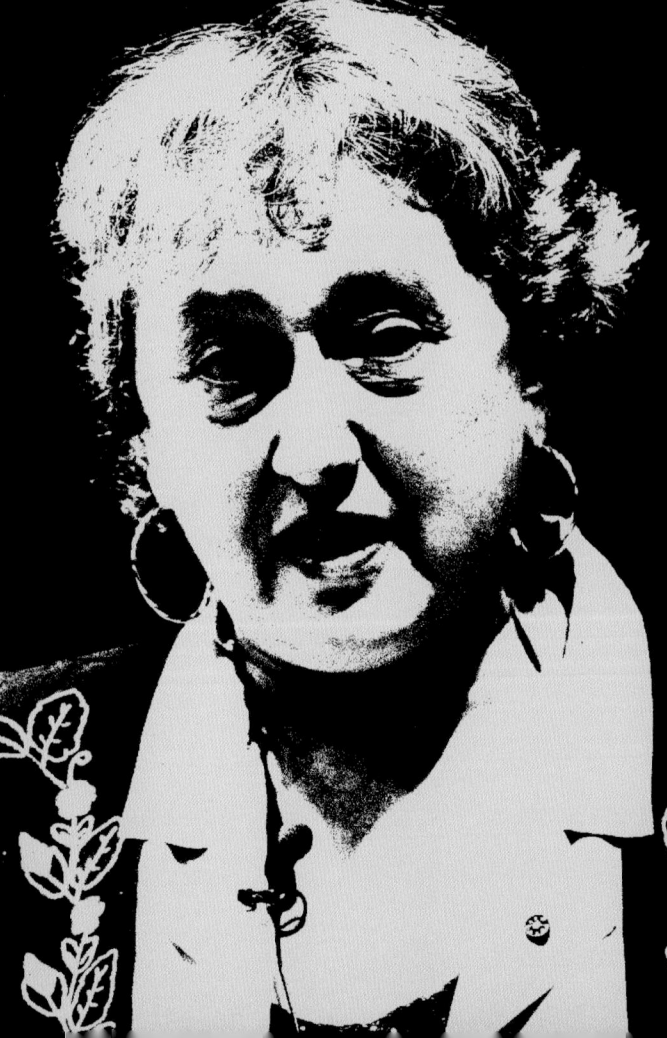

1938
Lynn Petra Alexander nasce em Chicago

1957
Gradua-se na Universidade de Chicago com bacharelado em Artes Liberais. Casa-se com o astrônomo Carl Sagan

1960
Transfere-se para a Universidade do Wisconsin, logo em seguida para Berkeley (onde concluiu o doutorado em 1965) e depois para Brandeis, em Massachusetts (1964)

1964
Divorcia-se de Sagan

1966
Transfere-se para a Universidade de Boston

1967
Publica o artigo "On the Origin of Mitosing Cells" [A origem das células mitóticas], que se tornou um marco em sua teoria da simbiogênese

1967
Casa-se com o cristalógrafo Thomas N. Margulis

1970
Publica o livro *Origin of Eukaryotic Cells* [Origem das células eucariontes]

1978
Prova empiricamente a teoria da simbiogênese

1980
Divorcia-se de Margulis

1988
É nomeada professora ilustre da Universidade de Massachusetts Amherst

2011
Sofre um derrame e morre após cinco dias

LYNN MARGULIS

Toda ciência necessita de pensadores revolucionários, para que as ideias excêntricas de hoje transformem-se na teoria ortodoxa dos livros de amanhã. E poucos foram tão revolucionários quanto Lynn Margulis, cujas teorias sobre simbiogênese, inicialmente consideradas absurdas, tornaram-se pilares do conhecimento biológico moderno. Nascida em uma numerosa família judaica de Chicago, a impetuosa e precoce Lynn ingressou na Universidade de Chicago aos 16 anos. Seu primeiro artigo acadêmico, sobre a genética do protista euglena, foi publicado quando ela tinha apenas 20 anos. Começou a ser notada em 1966, com um artigo sobre a origem das células eucariontes, que ela sugeria terem evoluído de associações com bactérias. Lynn propôs que as organelas celulares, a exemplo de cloroplastos e mitocôndrias, teriam evoluído como organismos independentes, mas foram assimilados em um novo tipo de organismo, a célula eucarionte. Passou mais de uma década para que suas ideias fossem fundamentadas por evidências científicas, e hoje sabemos que a maioria delas estava correta. Foi provado que os cloroplastos – pequenos corpos verdes das células vegetais nos quais ocorre a fotossíntese – têm seu próprio DNA, revelando que descendem das cianobactérias (anteriormente conhecidas como algas verde-azuladas). As mitocôndrias, por sua vez pequenas estruturas que geram a maior parte da energia exigida pelas células, também têm seu próprio DNA e são relacionadas distantemente a uma bactéria chamada proteobactéria. Como muitas pessoas com ideias polêmicas, Margulis não parou aí. Ao lado de James Lovelock (nascido em 1919), tornou-se defensora da hipótese Gaia, segundo a qual a Terra é um sistema único e autorregulado; em ação ainda mais controversa, afirmou que o vírus da imunodeficiência humana (HIV-1) não seria o causador da AIDS (síndrome da imunodeficiência adquirida). Lynn casou-se e divorciou-se duas vezes e teria dito ser humanamente impossível atuar ao mesmo tempo como cientista de primeira categoria, esposa e mãe.

Henry Gee

PROTISTAS

Os protistas abrangem um grupo

de organismos em geral microscópicos unidos apenas pelo fato de, em sua maioria, serem compostos por uma única célula. Alguns deles, como as amebas e os paramécios, se parecem mais com animais, enquanto as algas contêm cloroplastos e estão mais próximas dos vegetais. Um terceiro grupo, que inclui os limos, assemelha-se aos fungos. Alguns protistas são reconhecidos agentes de doenças humanas, caso do plasmódio, causador da malária, e do tripanossomo, que provoca a doença de Chagas e a doença do sono. Outros, ainda, são pragas, como as algas dinoflageladas causadoras das marés vermelhas (eflorescência algal). Apesar de serem unicelulares, os protistas não carecem de complexidade. Algumas algas absorveram outros protistas em sua evolução e se tornaram extraordinariamente intrincadas, com o DNA de até quatro organismos ancestrais. Outros, como diatomáceas, radiolários, cocolitóforos e foraminíferos, produzem excepcionais carapaças (envoltórios) de calcita ou sílica. Talvez os protistas mais notáveis sejam os raros dinoflagelados da família *Warnowiaceae*, que apresentam complexas cápsulas urticantes e ocelóides ("olhos" minúsculos) com estruturas equivalentes a lentes e retinas – tudo em uma única célula. Alguns protistas formam associações multicelulares: algas marinhas são aglomerações multicelulares e, quando famintas, se juntam a outras para formarem uma criatura móvel.

SÍNTESE
Muitos protistas, como amebas, paramécios e algas, vivem livremente em lagoas e poças e, ao contrário das bactérias, podem ser vistos com um microscópio comum.

DISSECAÇÃO
Todos os protistas, assim como animais, vegetais e fungos, são eucariontes. Ou seja, suas células são complexas, com o material genético contido em um ou mais núcleos delimitados por membranas que os separam do citoplasma – que por sua vez pode conter diversos outros corpos ou organelas, como mitocôndrias e cloroplastos. Essas células são muito maiores e mais complexas que as das bactérias e das arqueas (procariontes). Os eucariontes evoluíram há 1-2 bilhões de anos, provavelmente de alguma forma de arquea.

TEMAS RELACIONADOS
ARQUEAS
p. 16

MUTUALISMOS
p. 122

FILOGENIA GLOBAL
p. 126

DADOS BIOGRÁFICOS
ANTONIE VAN LEEUWENHOEK
1632-1723
Comerciante de tecidos e fabricante de lentes holandês, teria criado o primeiro microscópio e foi pioneiro na observação de protistas

LYNN MARGULIS
1938-2011
Bióloga americana autora da teoria da simbiogênese, segundo a qual muitas formas de vida, como células eucariontes, resultam da fusão de outros organismos mais simples

CITAÇÃO
Henry Gee

Apesar de unicelulares, os protistas podem ser complexos e às vezes nocivos.

FUNGOS

Muitos fungos vivem quase

sem serem notados em fendas e fissuras pelo mundo. Ao lado de animais e vegetais, eles formam o terceiro grupo de eucariontes pluricelulares – mas geralmente só são reconhecidos por seus corpos frutíferos, os cogumelos. Na maioria do tempo, os fungos existem como redes, ou micélios, formadas por filamentos muito finos, chamados hifas. Esses fios se espalham pelo solo ou pela água que o fungo habita e, se encontram hifas da mesma espécie, podem acasalar e, então, produzir um corpo frutífero que, ao amadurecer, derrama esporos que germinarão outros filamentos. Assim como os animais, os fungos dependem da quebra de matéria orgânica para sobreviver. Nesse reino estão muitas pestes e doenças, como o bolor, pragas rurais, a grafiose dos ulmeiros, o pé de atleta e outras micoses nos humanos, além do fungo causador da quitridiomicose, que ameaça dizimar os anfíbios do planeta. Por outro lado, muitas plantas não sobreviveriam sem as micorrizas que crescem junto a suas raízes, ajudando a retirar nutrientes do solo. Além disso, os fungos produzem antibióticos, e, sem as leveduras para fermentar matéria-prima vegetal, não existiriam nem o vinho nem a cerveja.

SÍNTESE
Os fungos são mais próximos dos animais do que dos vegetais. Os liquens são formados pela simbiose entre fungos e algas.

DISSECAÇÃO
As hifas são microscopicamente finas, porém podem se espalhar por uma grande área. Portanto, não é de se surpreender que entre os fungos estão alguns dos maiores, mais pesados e mais antigos organismos vivos. Nos Estados Unidos, um único indivíduo da espécie *Armillaria bulbosa* ocupa quase 15 hectares, pesa mais de 10 mil quilos e tem, pelo menos, 1.500 anos. Mas, por ser formado por uma rede de hifas subterrâneas microscópicas, é quase impossível apreendê-lo.

TEMAS RELACIONADOS
VEGETAIS
p. 26

MUTUALISMOS
p. 122

DADOS BIOGRÁFICOS
ALEXANDER FLEMING
1881-1955
Biólogo escocês, descobriu acidentalmente a penicilina, antibiótico produzido por uma contaminação de fungos nas culturas de bactérias que ele estudava

CITAÇÃO
Henry Gee

Cogumelos, alguns deliciosos e outros mortais, vinhos e queijos azuis... Sem os fungos o mundo seria um lugar bem mais chato.

VEGETAIS

De todos os seres vivos, é das plantas que provavelmente mais dependemos para viver e, ainda assim, nem sempre lhes damos o devido valor. A maior parte da matéria-prima que usamos para nos alimentar, nos vestir e nos abrigar vem dos vegetais. Com os resíduos dos que morreram há centenas de milhões de anos fabricamos petróleo e plástico. Além disso, as plantas verdes são responsáveis pela fotossíntese, que produz o oxigênio que respiramos. Nesse processo, elas usam um pigmento verde chamado clorofila para capturar a luz do sol e combiná-la a água e dióxido de carbono, produzindo açúcar e amido. Apesar da agricultura humana se dedicar a poucas espécies, principalmente de gramíneas como trigo, arroz e painço, há milhares de tipos de plantas verdes. As primeiras evoluíram de algas simples e apareceram em terra firme em algum ponto há 400 milhões de anos. Eram espécies simples de haste fina com esporângios no topo. Logo elas desenvolveram os tecidos duros que hoje chamamos de madeira, e há cerca de 360 milhões de anos as primeiras florestas se espalharam pela Terra. As árvores ancestrais pareciam samambaias, sendo depois substituídas por coníferas. Foi na época dos dinossauros, há 100-200 milhões de anos, que surgiram as angiospermas que dominam a paisagem atual.

SÍNTESE
Vegetais são seres vivos formados por muitas células. Eles produzem seu próprio alimento usando a luz do sol para converter água e dióxido de carbono em açúcares.

DISSECAÇÃO
As plantas verdes ficam no mesmo lugar por toda a vida adulta, tornando-se presa fácil de animais. A forma que encontraram para se proteger foi armar suas células com paredes de celulose e lignina resistentes e quase indigeríveis, e produzir uma ampla gama de venenos de gosto amargo – alguns deles, como a aspirina, hoje são usados como medicamentos. Por outro lado, as plantas oferecem aos animais dádivas como néctar floral para atrair polinizadores que as auxiliam em sua reprodução.

TEMAS RELACIONADOS
ANIMAIS
p. 32

MUTUALISMOS
p. 122

DADOS BIOGRÁFICOS
CARL VON LINNÉ (LINEU)
1707-1778
Botânico sueco obcecado pela vida sexual das plantas, inventou o método de classificação no qual os sistemas modernos são baseados

IRENE MANTON
1904-1998
Botânica inglesa, trabalhou com samambaias e algas e foi pioneira na microscopia eletrônica para estudar estruturas celulares dos vegetais

CITAÇÃO
Henry Gee

De samambaias a árvores, os vegetais são essenciais para nossa sobrevivência. As florestas existem por assombrosos 360 milhões de anos.

ANIMAIS

Dizem que é mais fácil reconhecer

um animal do que defini-lo. Seria verdade? Muitos animais se parecem mais com plantas, e alguns têm formas e hábitos bizarros. Há aqueles invisíveis a olho nu, e muitos são conhecidos apenas por cientistas especializados. A maioria das pessoas, principalmente crianças, confunde animais com mamíferos – o grupo que inclui nossa espécie e a maioria de nossos animais domésticos, como gatos, cachorros, ovelhas, porcos e vacas. Mas essa é só uma parte de um grupo ainda maior, os vertebrados, que também compreende pássaros, peixes, anfíbios e répteis. Olhando um pouco mais adiante, entre os parentes mais próximos dos vertebrados surpreendentemente estão estrelas-do-mar e outros seres marinhos. Também são animais os artrópodes – criaturas com diversos pares de pernas, a exemplo de insetos, crustáceos e aracnídeos; os anelídeos – vermes segmentados como minhocas e sanguessugas; e os moluscos, caso dos mariscos e da lula. Alguns são simples, como a anêmona-do-mar ou a água-viva, que parecem gelatinas; mas o mais primitivo de todos é a esponja. Existem cerca de 37 tipos, ou filos, de animais, alguns extremamente misteriosos. Organismos unicelulares como as amebas não são mais considerados animais, e sim protistas.

SÍNTESE
Animais são seres vivos pluricelulares que se reproduzem por meio de gametas unicelulares e alimentam-se de outros seres vivos.

DISSECAÇÃO
Os animais evoluíram de protistas unicelulares há 650-550 milhões de anos. Não se conhece o número exato de espécies animais existentes, mas sabemos que a maioria – ao menos 1 milhão – são insetos. Daí o biólogo J. B. S. Haldane, diante da pergunta sobre o que ele poderia deduzir sobre a mente divina, responder que Deus "teria um apreço excessivo por besouros". No entanto, pequenos crustáceos marinhos como copépodes e camarões são provavelmente os animais mais bem-sucedidos em termos de população e biomassa.

TEMAS RELACIONADOS
PROTISTAS
p. 22

FUNGOS
p. 24

FILOGENIA GLOBAL
p. 126

DADOS BIOGRÁFICOS
GEORGES CUVIER
1769-1832
Zoólogo francês responsável por uma das primeiras tentativas sérias de classificação dos animais

LIBBIE HYMAN
1888-1969
Zoólogo norte-americano cujos escritos sobre anatomia e classificação animal ainda hoje são referências

CITAÇÃO
Henry Gee

Mamíferos são apenas um ramo na árvore genealógica dos animais, cujas raízes remetem a protistas unicelulares que viveram há 600 milhões de anos.

POLÊMICA
VIDA SINTÉTICA

O primeiro organismo sintético foi anunciado pela revista *Science* em 2010. J. Craig Venter e seus colegas sintetizaram do zero os milhões de genes de um micoplasma (um organismo vivo muito simples) e inseriram esse genoma na célula de um micoplasma diferente cujo DNA havia sido removido. O novo organismo, que continha "assinaturas" genéticas que provavam sua natureza sintética, podia ser replicado em laboratório. Contudo, ele não era estritamente sintético, pois se baseara em um modelo evoluído e utilizara uma célula existente como chassi, de modo que essa tecnologia representa menos algo exclusivamente novo do que uma fusão de tecnologias como clonagem, síntese de DNA em laboratório e – a exemplo da ovelha Dolly – inserção de novo material genético em uma célula cujo próprio genoma fora removido. Na realidade, os cientistas ainda estão muito distantes de criar do zero novos organismos vivos autorreprodutores. Talvez o ingrediente-chave faltando seja a célula viva em que o material genético é inserido. Nosso conhecimento de como as células vivem, utilizam recursos, eliminam resíduos e se dividem ainda é rudimentar demais para tal. Por outro lado, a tecnologia atual já é capaz de criar novas partículas de vírus.

SÍNTESE
A biologia sintética bebe de fontes tão diversas quanto biologia evolutiva e engenharia elétrica ao pensar a vida como um circuito de elementos moleculares interativos.

DISSECAÇÃO
Humanos têm criado novas raças de animais e vegetais desde o advento da agricultura. Introduzir material genético externo em plantas e animais para criar organismos geneticamente modificados é um atalho que permite a criação de traços que levariam muitas gerações para serem selecionados. A vida sintética é um passo adiante, pois prevê a criação de organismos cujos genes serão completamente projetados em computador. Essa ideia é potencialmente perturbadora, já que se tornaria difícil prever ou controlar o comportamento de tais organismos.

TEMAS RELACIONADOS
ORIGEM DA VIDA – VÍRUS
p. 14

ANIMAIS
p. 28

DNA, RNA E PROTEÍNAS
p. 36

DADOS BIOGRÁFICOS
WERNER ARBER
1929-
Biólogo suíço que dividiu o Prêmio Nobel com Hamilton Smith e Daniel Nathans em 1978 pela descoberta das enzimas de restrição

J. CRAIG VENTER
1946-
Biólogo e empreendedor norte-americano, foi o primeiro a sequenciar o genoma humano em uma empreitada de cunho independente e também o primeiro a criar algo próximo a uma forma de vida sintética

CITAÇÃO
Henry Gee

Vida criada em laboratório? Venter e seus colegas inseriram um genoma sintético em uma célula biológica.

GENES ◐

GENES
GLOSSÁRIO

alelo Também conhecido como alelomorfo, é uma forma alternativa de gene; ocupa no cromossomo a mesma posição em que a forma original do gene estaria.

aminoácidos Compostos orgânicos que são parte integrante das proteínas. Dos cerca de 24 aminoácidos envolvidos na elaboração de proteínas, nove não podem ser produzidos pelo corpo humano, portanto devem ser incluídos na dieta: são os chamados aminoácidos essenciais.

ancestralidade remota Herança genética relativa a um passado distante, muitas vezes de centenas de milhões de anos atrás.

aptidão inclusiva Teoria da biologia evolutiva que explica a origem do comportamento altruísta. Segundo ela, indivíduos que compartilham uma certa porcentagem de genes cooperam para promover a transmissão dos genes para a próxima geração. Associada a ela, a teoria de seleção de parentesco propõe que animais comportam-se socialmente de modo a beneficiar o sucesso reprodutivo de seus consanguíneos.

cristalógrafo de raio X Cientista que investiga a estrutura de biomoléculas por meio da interpretação da estrutura atômica/molecular de suas formas cristalizadas.

cromossomo Estrutura em forma de fibra que carrega os genes com informação genética. Os cromossomos são encontrados no núcleo das células eucariontes (aquelas que têm núcleo diferenciado). Consistem principalmente de DNA, mas também contêm um pouco de RNA e núcleos de proteínas histonas. As células procariontes (sem núcleo diferenciado) possuem um único cromossomo composto inteiramente por DNA.

deriva genética Flutuações aleatórias na frequência de uma variável genética na população. É um dos mecanismos pelos quais a evolução ocorre.

DNA Ácido desoxirribonucleico, molécula portadora da informação genética codificada que transmite traços hereditários. O DNA é encontrado nas células de todo procarionte e eucarionte.

espécie Grupo de organismos cujos membros podem cruzar e produzir descendentes férteis. É a oitava categoria no sistema de classificação científica, logo abaixo do gênero.

eugenia Pseudociência que busca o "aprimoramento" de populações humanas por meio de modificações genéticas ou reprodução seletiva. Entre os meios possíveis de colocá-la em prática estão a esterilização forçada de pessoas com genes considerados "defeituosos". O termo foi criado pelo naturalista britânico Francis Galton.

gene Unidade de hereditariedade localizada em um cromossomo. Os genes são constituídos de DNA, exceto em alguns vírus, em que são formados por RNA.

genoma e genótipo O genoma consiste no grupo completo de genes ou material genético de um organismo ou célula. Sua evolução, funções e estrutura são estudadas pela genômica. Genótipo é a identidade genética de um organismo.

metaboloma Conjunto completo de todos os metabólitos (produtos do metabolismo) de uma célula ou organismo.

migração Movimentos de populações (grupos). Em termos evolutivos, pode ocasionar a movimentação dos genes de uma população para outra.

mutação Mudança na estrutura do gene, resultado de alterações nas bases do DNA ou do rearranjo, exclusão ou inclusão de seções de genes ou cromossomos.

proteínas Compostos orgânicos que são componentes essenciais das células vivas. Suas moléculas consistem em cadeias de aminoácidos.

proteoma Grupo completo de proteínas expresso por um genoma.

RNA Ácido ribonucleico. Molécula presente em todas as células vivas que desempenha papel fundamental na síntese de proteínas. Em alguns vírus, o RNA, e não o DNA, porta as informações genéticas.

seleção natural Processo pelo qual os organismos mais bem adaptados ao ambiente sobrevivem e produzem maior número de descendentes. Como exemplo, imagine uma população de insetos pretos e brancos num ambiente em que os pretos podem se esconder melhor de pássaros predadores do que os brancos. Como mais insetos brancos serão devorados, poucos se reproduzirão; enquanto isso, a cor preta permite aos demais insetos sobreviver e ter maior progênie – os insetos pretos são mais bem adaptados ao ambiente. No decorrer do tempo, os brancos morrerão e eventualmente a população consistirá somente de insetos pretos. Segundo a teoria do naturalista inglês Charles Darwin, a seleção natural, ao lado da deriva genética, da migração e da mutação, é um dos mecanismos mais importantes para explicar como a evolução funciona.

DNA, RNA E PROTEÍNAS

SÍNTESE
O DNA codifica o mapa da vida. O RNA copia e decifra o código em máquinas moleculares, ou seja, as proteínas.

DISSECAÇÃO
Cerca de 98% do DNA humano é não codificante, ou seja, não contém genes. Originalmente consideradas sem valor (DNA "lixo"), essas sequências, hoje se sabe, são em grande parte funcionais. Algumas codificam moléculas de RNA que não são traduzidas em proteínas (por exemplo, o tRNA), outras codificam microRNAs, que regulam a transcrição. Há ainda as que são relíquias de genes antigos e as que pegam carona – elementos genéticos egoístas e virais que se ocultam no DNA para se replicarem com a célula. Esse DNA não codificante consiste em um enigma para os cientistas decifrarem.

O ácido desoxirribonucleico (DNA) armazena instruções de como fabricar proteínas (as máquinas moleculares de cada célula viva). Em 1953, Watson e Crick desvendaram a estrutura do DNA: duas cadeias de açúcares e fosfatos que correm em direções opostas com bases pareadas no centro, enroladas na famosa estrutura de dupla hélice. Essa estrutura complementar fornece um mecanismo de cópia que permite às células se replicarem. Como uma molécula relativamente estável, o DNA consiste em um excelente dispositivo de armazenamento, mas, para a informação codificada ser útil, ela precisa ser traduzida em proteínas – que, junto com as enzimas e os componentes estruturais, constituem os elementos biológicos ativos das células. Os ácidos ribonucleicos mensageiros (mRNAs) são cópias das zonas de codificação do DNA e se movem desde o núcleo até os ribossomos no citoplasma das células. Cada ribossomo retém um mRNA e recruta RNAs transportadores (tRNAs) complementares. A cada tRNA, são atrelados aminoácidos (os quais consistem nos "tijolos" das proteínas). Posicionados bem unidos, eles formam ligações químicas, enquanto o tRNA desloca o mRNA, traduzindo o código, três bases de cada vez. Quando concluída a transferência, a cadeia de aminoácidos é liberada e se entrelaça em uma estrutura tridimensional complexa e precisa, formando uma proteína.

TEMAS RELACIONADOS
EPIGENÉTICA
p. 42

GENÔMICA E CIÊNCIAS RELACIONADAS
p. 44

CÉLULAS E DIVISÃO CELULAR
p. 54

DADOS BIOGRÁFICOS
ROSALIND E. FRANKLIN
1920-1958
Química e cristalógrafa inglesa por vezes pouco reconhecida por seu trabalho, mas cuja perícia ajudou a revelar a estrutura do DNA

CITAÇÃO
Tiffany Taylor

A famosa dupla hélice do DNA – cadeias de açúcares e fosfatos entrelaçadas ao redor de bases emparelhadas – contém o código para a produção de proteínas.

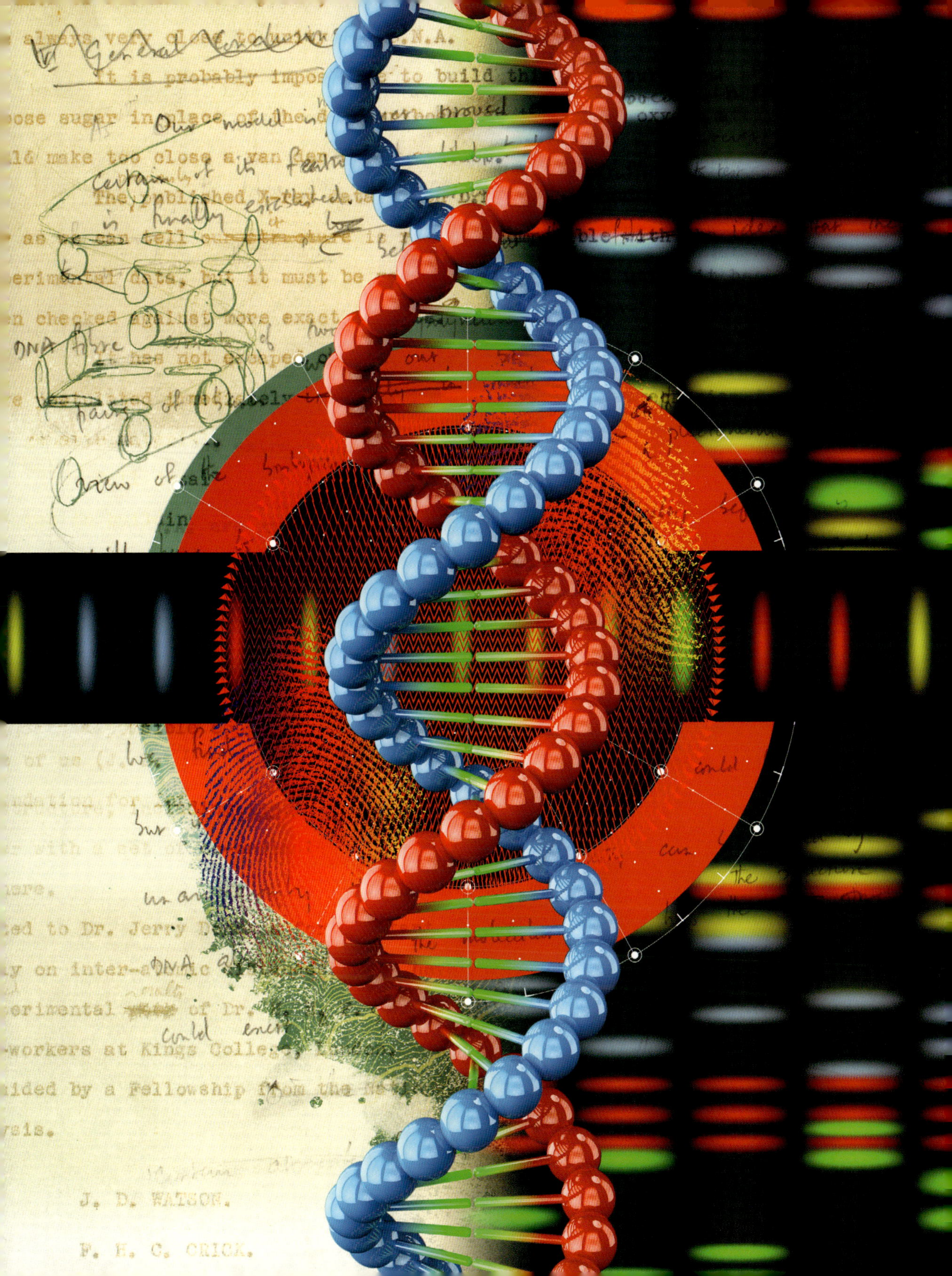
J. D. WATSON.
F. H. C. CRICK.

GENÉTICA MENDELIANA

O nome desse conjunto de princípios presta homenagem ao trabalho pioneiro do frade agostiniano Gregor Mendel. Entre 1856 e 1863, o cientista realizou uma sofisticada série de experimentos empregando a seleção artificial de ervilhas ao longo de várias gerações. Desse modo, ele conseguiu explicar como traços genéticos são transmitidos. Mendel percebeu que os descendentes das ervilhas apresentavam traços de seus progenitores em proporções estáveis. Por exemplo, quando duas plantas com flores brancas eram cruzadas, os descendentes sempre possuíam flores brancas. Contudo, no cruzamento de duas plantas com flores roxas, havia uma variação na frequência em que os descendentes teriam flores brancas – de 0 a 1 em cada 4. Mendel descobriu que essa frequência poderia ser prevista com base no histórico familiar da linhagem e deduziu que tais traços eram herdados de formas distintas, ou seja, com caráter dominante ou recessivo. Um traço dominante será sempre observado no organismo que carrega seu código. Já um traço recessivo, mesmo que presente no organismo, terá seus efeitos encobertos pelo gene dominante. Quando o pai e a mãe possuem em si tanto o gene recessivo quanto o dominante, o descendente pode apresentar um traço estranho a ambos – ou seja, no exemplo das ervilhas, plantas progenitoras com flores roxas geram uma planta descendente com flores brancas. Essas ideias revolucionárias constituíram a base da genética moderna.

SÍNTESE
Já parou para pensar porque você é o único da família com olhos azuis? Mendel ajudou a entender isso com seus experimentos em ervilhas.

DISSECAÇÃO
A importância do trabalho de Mendel foi finalmente compreendida com sua redescoberta em 1900, resultando em avanços revolucionários na genética. Por exemplo, Thomas H. Morgan e sua equipe no laboratório da Universidade de Colúmbia conseguiram demonstrar, por meio de experimentos com drosófilas, que os genes estão localizados nos cromossomos e são as unidades de herança, provendo evidência física para a teoria de Mendel. Essa pesquisa rendeu a Morgan o Prêmio Nobel de Medicina em 1933.

TEMAS RELACIONADOS
DNA, RNA E PROTEÍNAS
p. 36

GENÉTICA POPULACIONAL
p. 40

EPIGENÉTICA
p. 42

DADOS BIOGRÁFICOS
WILLIAM BATESON
1861-1926
Geneticista inglês que realizou uma série de experimentos com seleção de vegetais, repetindo os resultados de Mendel

REGINALD C. PUNNETT
1875-1967
Geneticista inglês célebre por criar o quadro de Punnett, diagrama empregado por biólogos que usa a teoria mendeliana para determinar a proporção provável de determinado genótipo parental

CITAÇÃO
Tiffany Taylor

Utilizando ervilhas, Gregor Mendel descobriu como traços genéticos são transmitidos através de gerações.

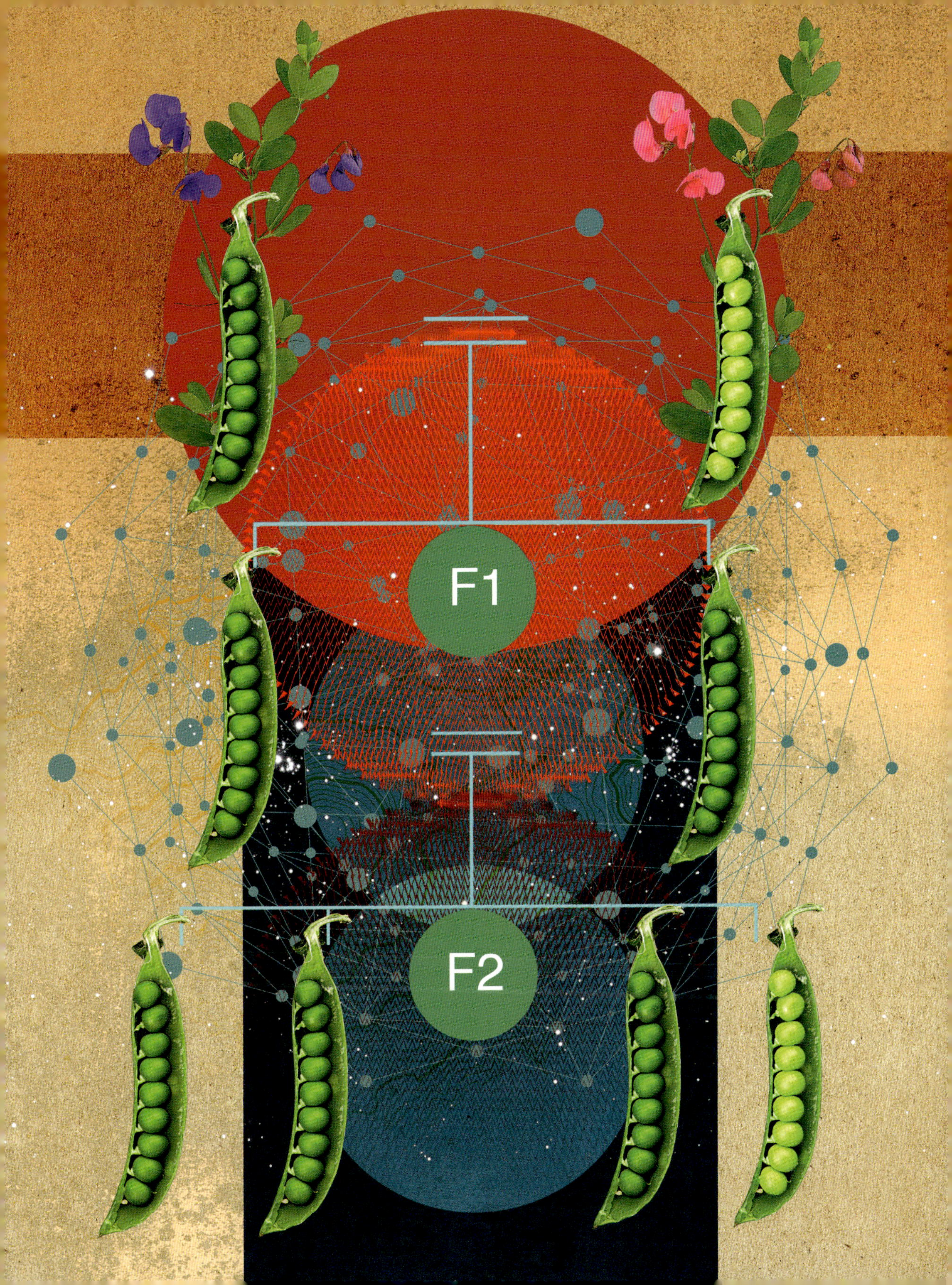
F1
F2

GENÉTICA POPULACIONAL

SÍNTESE
Seleção, deriva genética, migração e mutação provocam mudanças na frequência dos alelos. Com esses princípios fundamentais em mãos, podemos entender as mudanças evolutivas nas populações.

DISSECAÇÃO
A anemia falciforme é uma doença genética comparativamente mais frequente em partes da África. Teoricamente, um alelo com efeitos negativos no valor adaptativo deveria ser expurgado de populações pela seleção natural. Então por que a doença permanece? Seus portadores (aqueles que carregam o gene, mas não sofrem os sintomas) são mais tolerantes à malária, então em áreas com grande incidência de malária, a seleção natural age no sentido de manter esse alelo na população.

As espécies vivem em grupos chamados populações, que podem interagir e procriar entre si. Diferenças entre indivíduos de uma mesma população podem ser causadas por variações genéticas surgidas de mutações aleatórias nos genes – conhecidas como alelos. Ao estudar a frequência com que diferentes alelos ocorrem em uma ou mais populações, os cientistas conseguem mapear mudanças evolutivas. Quatro processos principais determinam as variações na frequência de alelos. A seleção natural aumenta a ocorrência de códigos genéticos relativos a vantagens de sobrevivência e diminui a daqueles que representam uma desvantagem; a deriva genética controla flutuações aleatórias na regularidade de alelos que não garantem, necessariamente, a sobrevivência – esse processo tem resultado mais efetivo em populações menores; a migração causa a variação em frequências de alelos ao introduzir novos traços na população, pelo processo conhecido como fluxo gênico; e a mutação (mudança do código de DNA por meio de "erros" aleatórios na replicação das células) cria novas variações de alelos. Os geneticistas populacionais estudam a influência de cada um desses fatores e as complexas interações entre eles; para isso, eles abordam problemas tão diversos quanto a compreensão de por que algumas doenças genéticas se mostram tão persistentes e a busca por estratégias práticas de conservação da espécie.

TEMA RELACIONADO
GENÉTICA MENDELIANA
p. 38

DADOS BIOGRÁFICOS
SEWALL G. WRIGHT
1889-1988
Geneticista norte-americano que formalizou o conceito de deriva genética por meio da teoria matemática

RONALD A. FISHER
1890-1962
Biólogo evolutivo inglês, pioneiro em técnicas matemáticas aplicadas à genética de populações

JOHN B. S. HALDANE
1892-1964
Cientista britânico que formalizou matematicamente a lei da seleção natural

CITAÇÃO
Tiffany Taylor

Os geneticistas populacionais mapeiam as mudanças evolutivas seguindo os traços das variações causadas por mutações genéticas nas populações.

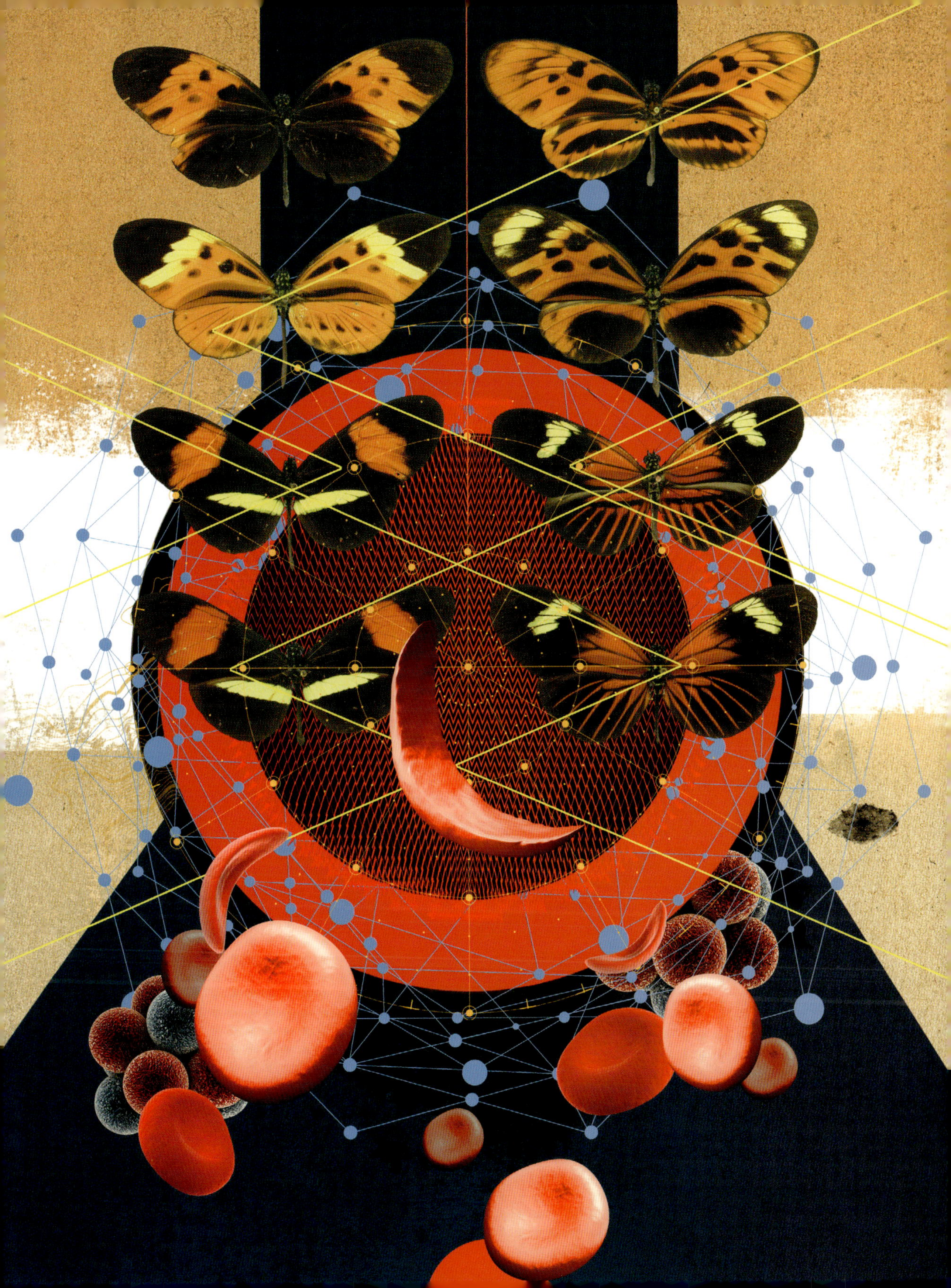

EPIGENÉTICA

Todas as células de nosso corpo

têm o DNA idêntico, mas, ainda assim, uma célula do coração, por exemplo, desempenha funções distintas de uma do rim. Isso ocorre porque sinais do ambiente em que a célula vive ativam ou desativam os genes. Essas diferenças acontecem entre células idênticas e são descritas como epigenética. Existem três sistemas que modificam a expressão dos genes: metilação do DNA, alteração nas histonas e ribointerferência. Na metilação do DNA, um grupo metil é adicionado a pontos específicos do DNA, modificando sua estrutura de forma que ele não possa ser transcrito ou traduzido em proteínas. Alterações nas histonas (principais proteínas que compõem o nucleossomo) ocorrem quando um grupo acetila ou metil é ligado a aminoácidos específicos nas histonas, ao redor das quais o DNA é condensado no núcleo das células. Isso modifica a estrutura das histonas e altera o acesso dos reguladores transcritivos ao DNA, ativando ou desativando grandes porções dele. Enfim, por meio da ribointerferência, o RNA pode desativar genes, causando alteração nas histonas, metilação do DNA ou condensando o DNA a tal ponto que ele não possa mais interagir com reguladores transcritivos. Esses sistemas da epigenética são parte do funcionamento normal das células, e sua interrupção pode levar a doenças genéticas.

SÍNTESE
A expressão gênica vai muito além do que está escrito em seu DNA.

DISSECAÇÃO
Em 1983, foram detectadas conexões entre o câncer e a epigenética. Descobriu-se que os tecidos doentes de pacientes com câncer colorretal sofriam menos metilação do que tecidos saudáveis. Esse processo atua no desligamento de genes, então pouca metilação pode fazer com que as células cresçam desordenadamente – principal característica do câncer. Contudo, foi provado que a metilação excessiva também interrompe o funcionamento de genes que agem para suprimir os tumores, de modo que se conclui que tecidos saudáveis necessitam de equilíbrio.

TEMAS RELACIONADOS
DNA, RNA E PROTEÍNAS
p. 36

CÂNCER
p. 84

DADOS BIOGRÁFICOS
MARY FRANCES LYON
1925-2014
Geneticista inglesa que descobriu o processo epigênico da inativação do cromossomo X, que ocorre em fêmeas para compensar a dosagem dupla desse cromossomo

CITAÇÃO
Tiffany Taylor

As alterações epigenéticas estão por trás da especialização de células do cérebro ou do fígado, mas também são responsáveis por doenças como o câncer.

H₃C—COOH

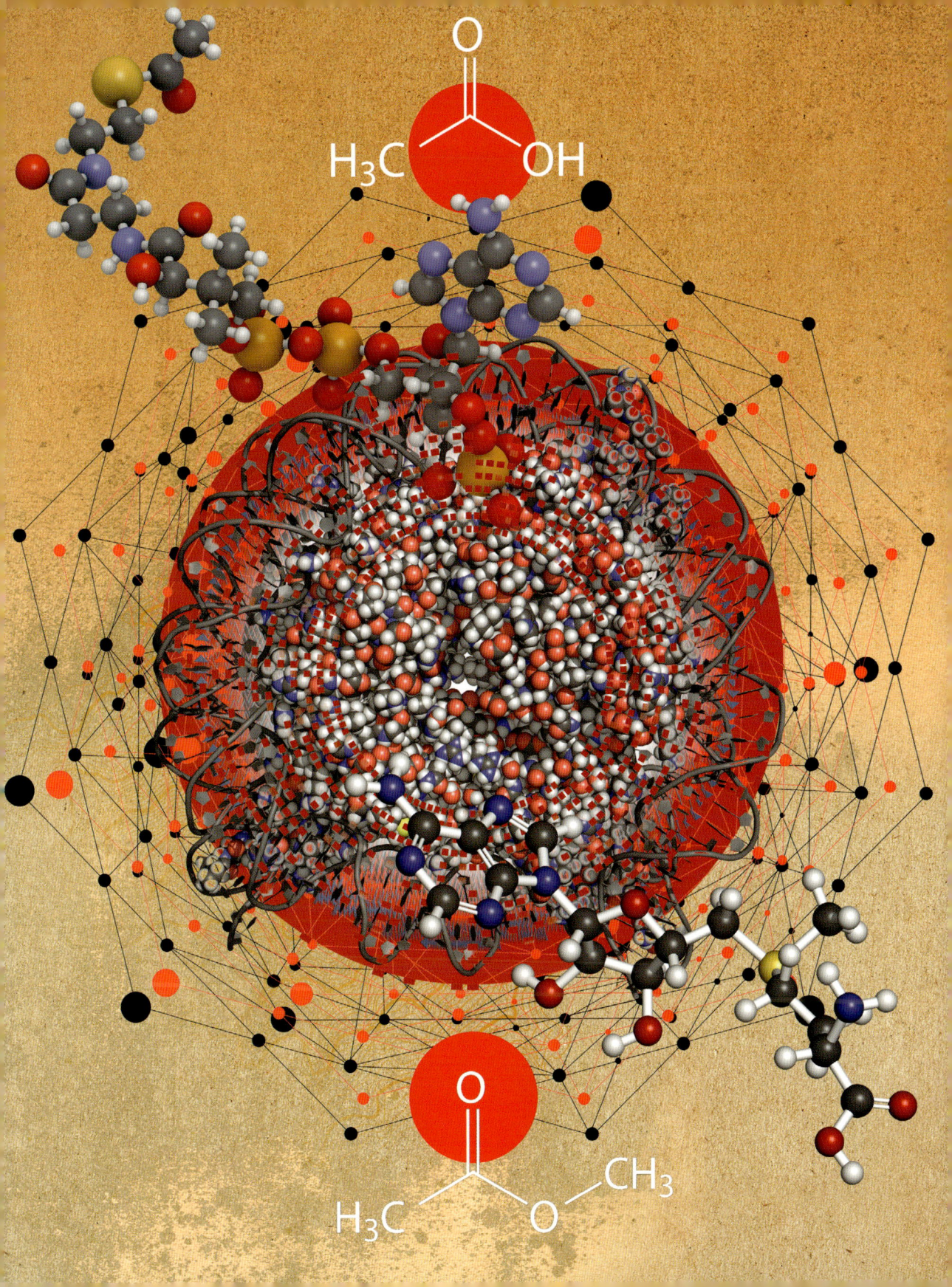

H₃C—C(=O)—O—CH₃

GENÔMICA E CIÊNCIAS RELACIONADAS

SÍNTESE
O genoma humano é formado por 3 bilhões de bases, cujo significado e organização ainda não compreendemos.

DISSECAÇÃO
O sequenciamento de DNA tornou-se tão barato e acessível que dados estão sendo gerados em muito menos tempo do que o necessário para analisá-los devidamente. Na biologia, essa grande revolução de informações concede pouca margem de adaptação. Pesquisadores precisam cada vez de computadores mais potentes, melhor organização de dados e uma forma mais eficiente de transportá-los. O custo de tais sistemas de computadores ameaça criar um gargalo na pesquisa biológica.

O genoma é a sequência de DNA completa de um conjunto (lote) de cromossomos de uma célula ou organismo, responsável por toda informação de como construí-lo e mantê-lo. A genômica é um ramo da genética que busca entender como a sequência e a estrutura dos genomas são traduzidas em funções. A partir do advento da tecnologia de sequenciamento, no fim da década de 1970, houve uma explosão de informações – até a data em que este livro foi escrito, havia 13.036 genomas completamente sequenciados, aos quais o público tem livre acesso. Contudo, a velocidade com que esses dados são gerados excede de longe nossa habilidade de compreendê-los, e esse desequilíbrio levou a uma revolução das disciplinas "ômicas", ramificações da biologia que buscam oferecer entendimento funcional da disciplina à qual o sufixo está ligado – entre elas estão a genômica, a proteômica (estudo do proteoma, conjunto de proteínas expressas pelo genoma) e a metabolômica (estudo do metaboloma, o conjunto completo de todos os metabólitos – produtos do metabolismo – de uma célula ou organismo). Esses campos relativamente novos, mas altamente produtivos, representam uma mudança em direção à compreensão dos organismos como um todo no que diz respeito aos efeitos quantitativos de seus genes e produtos genéticos. Se antes os genes eram estudados isoladamente, hoje temos a tecnologia para analisar um organismo vivo por completo em nível molecular.

TEMA RELACIONADO
DNA, RNA E PROTEÍNAS
p. 36

DADOS BIOGRÁFICOS
FREDERICK SANGER
1918-2013
Bioquímico inglês que decifrou a estrutura da insulina e desenvolveu um método de sequenciamento do DNA

WILLIAM JAMES (JIM) KENT
1960-
Cientista norte-americano, criou um programa de computador que permitiu ao Projeto Genoma Humano, financiado pelo setor público, unir os fragmentos do genoma humano antes de uma corporação privada, garantindo o livre acesso às informações

CITAÇÃO
Tiffany Taylor

O genoma humano é um manual vivo de como se fabricar um ser humano – se você souber como seguir as instruções.

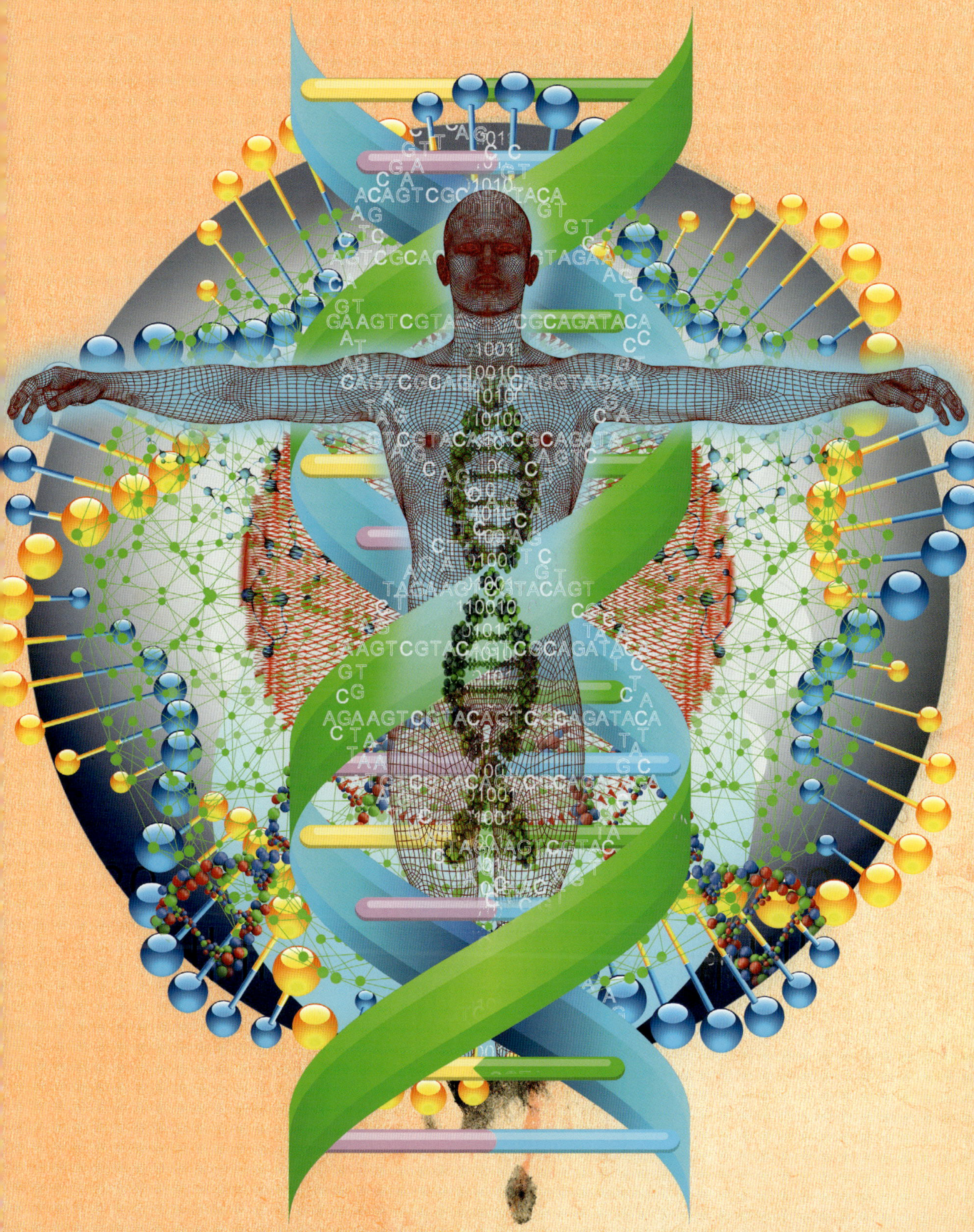

1936
Nasce no Cairo, Egito, filho de Archibald e Bettina Hamilton

1960
Gradua-se em genética no St. John's College, em Cambridge

1968
Obtém o doutorado no London School of Economics and University College, em Londres

1964-77
Aceita a cátedra de genética no Imperial College, em Londres

1964
Publica o artigo seminal "The Genetical Evolution of Social Behaviour" [A evolução genética do comportamento social]

1967
Casa-se com Christine Friess, com quem tem três filhas, e depois se divorcia

1978-84
Nomeado professor na Universidade de Michigan

1980
Eleito membro da Royal Society of London

1984
Retorna à Inglaterra como professor pesquisador da Royal Society e membro do New College, em Oxford

1988
Premiado com a Medalha Darwin da Royal Society of London

1994
Conhece a companheira (Maria) Luisa Bozzi

2000
Morre no Middlesex Hospital

BILL HAMILTON

Bill Hamilton ficou conhecido

como matemático e teórico biológico. No entanto, também era um naturalista notável – sua fascinação com o tema era evidente desde a tenra idade, quando colecionava borboletas e outros insetos. Seus pais o presentearam com um exemplar de *Butterflies* [Borboletas], de E. B. Ford, parte da Collins New Naturalist Series. Esse foi o início de seu aprendizado sobre os fundamentos da seleção natural, genética e genética populacional que mais tarde formariam sua carreira. Após ler Ford, ele pediu um exemplar de *A origem das espécies*, de Darwin, como prêmio por seu desempenho escolar.

Quando aluno da Universidade de Cambridge, após ler *The Genetical Theory of Natural Selection* [Teoria genética da seleção natural], de Ronald Fisher, Hamilton começou a unificar os princípios darwinianos de seleção natural com a genética populacional. Tanto Fisher como J. B. S. Haldane reconheciam incidências do comportamento altruísta na natureza, mas havia um paradoxo na compreensão de como esses comportamentos evoluíam, já que a seleção natural favorecia indivíduos que aprimoravam sua própria aptidão – o que Darwin também notara. Isso intrigava Hamilton e conduziu a suas mais influentes ideias sobre seleção de parentesco e aptidão inclusiva.

A cooperação é fundamental para a vida e pode ser encontrada em todos os níveis da biologia – genes cooperam para formar genomas, células o fazem para criar organismos, e indivíduos, para compor sociedades. A fim de explicar a evolução e a manutenção da cooperação, empregando o teorema de Sewall Wright, Hamilton desenvolveu um sofisticado sistema teórico que revelou como o parentesco genético entre indivíduos que interagem, e não os indivíduos em si, pode determinar a aptidão de genes compartilhados – ideia posteriormente identificada como regra de Hamilton. Suas teorias foram fundamentais para o desenvolvimento de uma visão da evolução centralizada nos genes, que mais tarde foi popularizada por Richard Dawkins em *O gene egoísta*.

As ideias radicais do destemido Hamilton nem sempre foram reconhecidas imediatamente, mas com o tempo eram comprovadas. Para ele era difícil encontrar patrocinadores e financiadores, e por um tempo ficou sem escritório – trabalhava em parques e estações de trem. Isso o fez questionar a própria sanidade, passagem descrita no primeiro volume de sua coletânea de artigos *Narrow Roads of Gene Land* [Estradas estreitas da terra dos genes].

Hamilton se interessou posteriormente pelas origens do HIV e viajou para a República Democrática do Congo, onde conduziu estudos de campo. Faleceu logo após seu retorno, aos 63 anos, por ter contraído malária.

Tiffany Taylor

POLÊMICA
TESTE GENÉTICO

Até muito recentemente, prever nosso futuro clínico era uma questão de estatística. Idade, características físicas, hábitos alimentares, se fumamos – todos esses dados eram comparados a populações conhecidas para estimar o risco de acabarmos vítima de alguma doença. Mas hoje podemos colher nossa saliva, enviá-la para uma empresa e, em cerca de seis semanas, receber um relatório personalizado com uma estimativa de quais doenças podemos sofrer ou transmitir. Apesar de existirem várias maneiras de realizar a genotipagem, em geral as empresas buscam por variantes de polimorfismo de nucleotídeo único (também conhecido pela sigla em inglês SNP). Tratam-se de mutações em um único ponto do genoma, que podem ser associadas à maior probabilidade de doenças ou a como reagimos a medicamentos, assim como a traços físicos herdados, condições psicológicas e até ancestralidade remota. Novas associações estão sempre sendo descobertas, fazendo desse um método poderoso para compreendermos nosso futuro. Deveremos saber como vamos morrer? Isso nos faria mudar de comportamento para reduzir os fatores de risco? Ou simplesmente causaria pessimismo e niilismo, já que pouco podemos contra o que está predeterminado? Há, ainda, implicações para a sociedade, no acesso, por exemplo, de seguradoras ou empregadores a essas informações.

SÍNTESE
Testes genéticos pessoais revolucionarão os serviços de saúde. Os benefícios médicos são óbvios, porém as consequências éticas para a sociedade ainda não estão claras.

DISSECAÇÃO
Apesar de haver preocupações imediatas sobre as consequências de termos acesso a dados genéticos, como permitiremos que essa informação seja usada no futuro? Pode-se imaginar um tempo em que essa tecnologia seja utilizada para determinar qual característica é "melhor", desvalorizando aqueles que não se enquadram. Porém, há um abismo entre as posições da sociedade em relação à ética da eugenia e as possibilidades que surgem na velocidade da luz com os avanços tecnológicos.

TEMA RELACIONADO
GENÉTICA MENDELIANA
p. 38

DADOS BIOGRÁFICOS
ANNE WOJCICKI
1973-
Presidente e cofundadora da 23andMe, influente empresa de genômica pessoal que já fez a genotipagem de mais de 1 milhão de pessoas

CITAÇÃO
Mark Fellowes

Você seria mais feliz se soubesse a probabilidade – baseada em testes genéticos – de desenvolver ou transmitir doenças? Essa informação poderia mudar a forma como você vive.

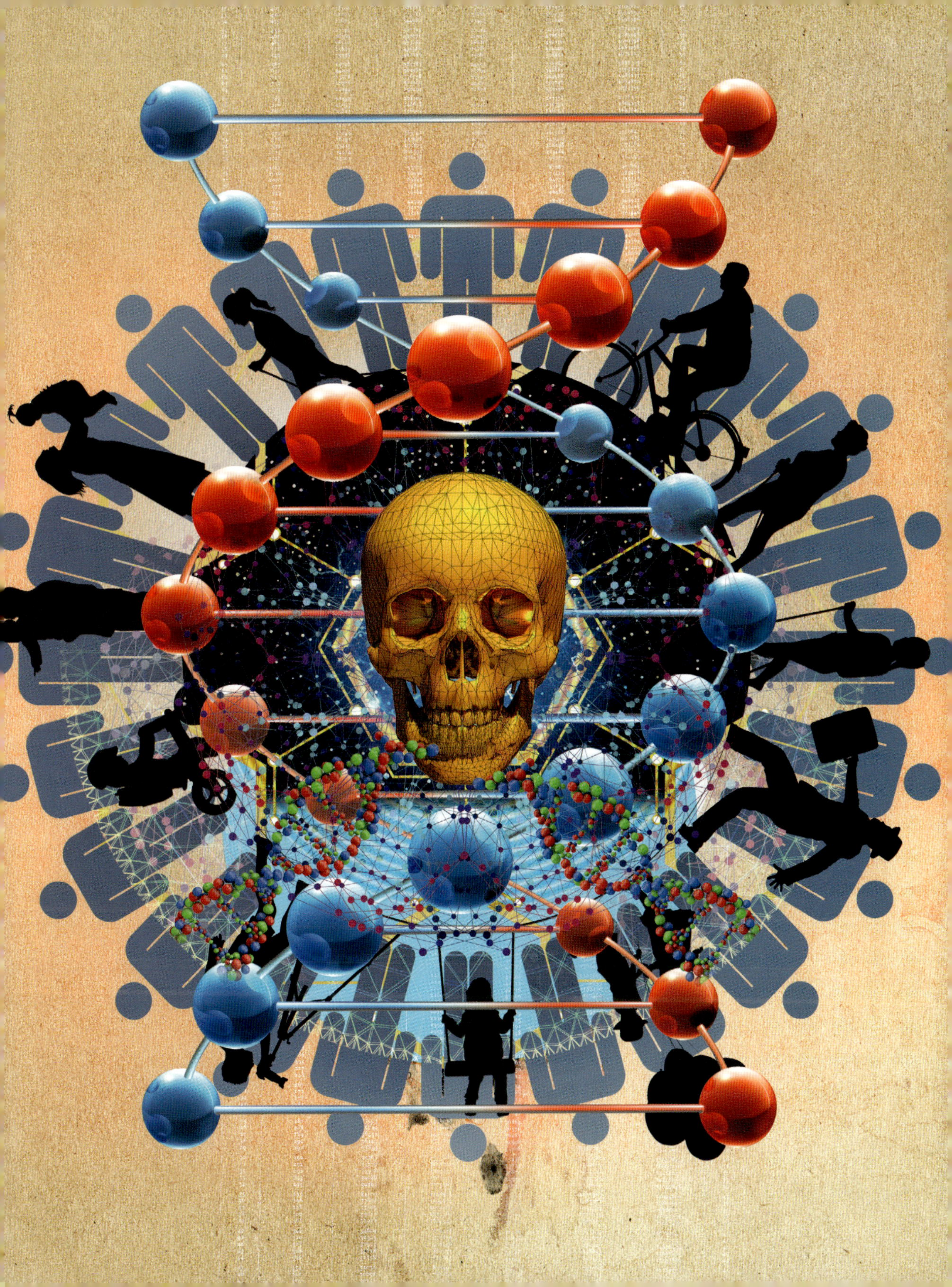

DE GENES A ORGANISMOS

DE GENES A ORGANISMOS
GLOSSÁRIO

célula-tronco Célula indefinida que pode produzir mais células-tronco ou outros tipos diferenciados (especializados) de célula no coração ou em nervos da coluna vertebral, por exemplo.

clonagem Reprodução assexuada de cópias geneticamente idênticas de um organismo ou célula original. A clonagem ocorre naturalmente, já que células do corpo de animais e plantas são essencialmente clones do ovo fertilizado original. Células também podem ser clonadas em laboratório, por exemplo, pelo processo de remoção do núcleo de um óvulo para substituí-lo por outro do tipo da célula que se deseja clonar.

cromossomo Estrutura em forma de fibra que carrega os genes com informação genética. Os cromossomos são encontrados no núcleo das células eucariontes (aquelas que têm núcleo diferenciado). Consistem principalmente de DNA, mas também contêm um pouco de RNA e núcleos de proteínas histonas. As células procariontes (sem núcleo diferenciado) possuem um único cromossomo composto inteiramente por DNA.

DNA Ácido desoxirribonucleico, molécula portadora da informação genética codificada que transmite traços hereditários. O DNA é encontrado nas células de todo procarionte e eucarionte.

fator de crescimento Substância natural que estimula o crescimento, a cura ou a reprodução das células. Entre os exemplos estão alguns hormônios e proteínas.

homeostasia Qualquer processo pelo qual um sistema biológico mantém a estabilidade. Por exemplo, um organismo recupera células antigas e danificadas por meio da mitose para manter a homeostasia.

hormônio Molécula biossinalizadora que, nos animais, é produzida por glândulas e transportada pelo sistema circulatório para regular o comportamento e o funcionamento de células-alvo em órgãos e tecidos. Por exemplo, o hormônio insulina, nos humanos, é secretado pelo pâncreas e age no fígado de modo a controlar os níveis de açúcar no sangue. Hormônios sintéticos são fabricados para produzir os mesmos efeitos que os naturais.

linfócitos Tipo de célula branca do sangue com papel fundamental na resposta imunológica do corpo humano. Encontrados nos linfonodos, no baço e nas amígdalas, assim como na circulação sanguínea, são células imunológicas especializadas com capacidade de neutralizar infecções e destruir células contaminadas.

macrófagos Células do sistema imunológico encontradas por todo o corpo humano. Englobam e digerem células danificadas ou mortas.

meiose Divisão celular na qual uma célula decompõe-se em quatro outras, cada uma com metade do número de cromossomos da original. A meiose ocorre na preparação para a reprodução sexuada de eucariontes.

mitose Duplicação celular na qual uma célula se divide em duas células idênticas geneticamente – cada uma com o mesmo tipo e número de cromossomos.

papilomavírus humano (HPV) Grupo de vírus comuns e altamente contagiosos que afetam a pele e mucosas do corpo humano, como ânus, órgãos genitais, cérvix e boca. Dos mais de cem tipos de HPV, 40 afetam a genitália. Alguns aumentam o risco de câncer cervical. A vacina foi introduzida para conter esse risco.

patógeno Microrganismo, como bactéria ou vírus, que pode causar doenças.

pluripotente Diz-se da célula-tronco, pela capacidade de se transformar em quase todo tipo de célula.

RNA Ácido ribonucleico. Molécula presente em todas as células vivas que desempenha papel fundamental na síntese de proteínas. Em alguns vírus, o RNA, e não o DNA, porta as informações genéticas.

vacinação Processo de inoculação de patógenos atenuados em indivíduos para imunizá-los contra uma doença ao estimular a resposta imunológica do corpo.

vírus Epstein-Barr Vírus extremamente comum, também conhecido como herpesvírus humano 4, causador da mononucleose infecciosa (febre glandular), mas também ligado a alguns tipos de câncer, como o linfoma de Hodgkin (tumor nas células do sangue). O vírus leva o nome de seus descobridores: Michael A. Epstein e Yvonne Barr.

CÉLULAS E DIVISÃO CELULAR

Em todas as formas de vida, a única maneira de produzir uma nova célula é duplicar uma já existente. Divisão celular é o processo pelo qual uma célula duplica seu conteúdo e se divide em duas novas. Esse processo rigorosamente controlado consiste em uma sequência de eventos conhecidos como ciclo celular. Na primeira fase, a célula cresce ao produzir cópias de suas proteínas e organelas. Na etapa seguinte, ela copia cada um de seus cromossomos. Depois, entra em outro período de crescimento e síntese proteica, até que, no estágio final, os cromossomos são separados para lados opostos de sua estrutura, que se divide ao meio para produzir duas células novas. Esse tipo de divisão celular é chamado mitose e ocorre milhões de vezes a cada segundo por todo o organismo, já que novas células são constantemente produzidas para substituir outras velhas ou danificadas. Um segundo tipo de divisão celular, a meiose ocorre somente em células sexuais especializadas e atua na reprodução sexuada de eucariontes. Por essa razão, resulta em células (óvulo ou espermatozoide) que contêm apenas uma cópia de cada cromossomo, para que após a fusão o ovo fertilizado contenha duas cópias de cromossomos – uma de cada progenitor.

SÍNTESE
A mitose é fundamental para o crescimento, o desenvolvimento, a homeostase normal e a reparação de danos. A meiose é essencial na reprodução sexuada.

DISSECAÇÃO
A divisão celular pode ser um processo arriscado, pois qualquer erro é capaz de causar o mau funcionamento de células e até doenças como o câncer. Como garantia, existem alguns pontos de checagem em cada estágio do ciclo celular. A célula certifica-se da correção na replicação de todo o DNA, da separação devida dos cromossomos e de que o ambiente seja favorável. Se houver o não cumprimento de um desses requisitos, a divisão é interrompida ou abortada.

TEMAS RELACIONADOS
COMUNICAÇÃO CELULAR
p. 56

CÂNCER
p. 84

SENESCÊNCIA E MORTE CELULAR
p. 106

DADOS BIOGRÁFICOS
LELAND HARTWELL
1939-
Citologista norte-americano, introduziu o conceito de pontos de checagem e descobriu os genes que controlam o primeiro estágio do ciclo celular

TIM HUNT
1943-
Bioquímico britânico que descobriu as proteínas ciclinas, essenciais no controle do ciclo celular

CITAÇÃO
Phil Dash

A mitose – divisão de uma célula em duas geneticamente idênticas – acontece o tempo todo em um organismo saudável.

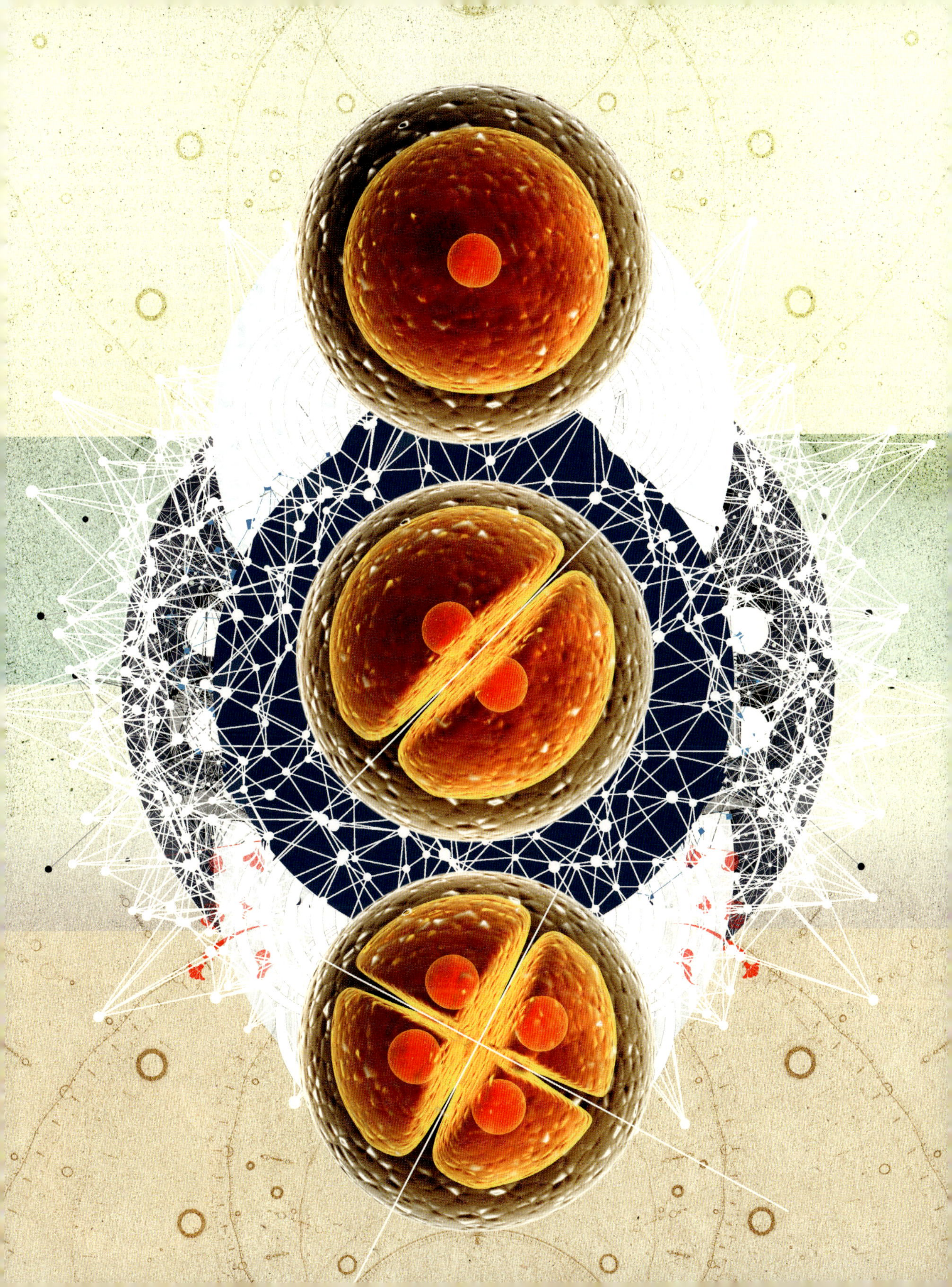

COMUNICAÇÃO CELULAR

As células são constantemente bombardeadas com sinais de seu ambiente, sejam elas organismos unicelulares, sejam parte de tecidos de organismos multicelulares. Esses sinais oferecem informações sobre níveis de nutrientes e oxigênio, além de outras características sobre o ambiente da célula. Em organismos multicelulares, as células devem coordenar entre si suas atividades; hormônios, fatores de crescimento e outras moléculas dão instruções que permitem tal controle. Por exemplo, células pancreáticas liberam insulina em resposta ao aumento dos níveis de açúcar no sangue, o que faz com que outras células do corpo recolham o açúcar em circulação. Diferentes sinais podem instruir uma célula a se dividir, mover, morrer ou mudar de função. Eles são detectados na célula-alvo por moléculas em sua superfície chamadas receptores, que, específicos para cada sinal, permitem à célula o exame constante do ambiente. A ligação do receptor à molécula sinalizadora inicia um processo em cadeia conhecido como transdução de sinal, que conduz à mudança desejada no comportamento celular. Por exemplo, nos mamíferos, a conexão entre a molécula sinalizadora do fator de crescimento epidérmico (EGF) com o receptor ativa uma reação enzimática que, por sua vez, ativa o ciclo celular, dando início à duplicação das células.

SÍNTESE
As células de todos os organismos multicelulares precisam receber instruções para mandar sinais que são recebidos por moléculas na superfície celular chamadas receptores.

DISSECAÇÃO
A comunicação celular é tão importante que, quando dá errado, pode causar uma série de doenças, entre as quais se destaca o câncer. Nesse caso, as células param de compreender sinais de outras e, em vez de esperar por instruções para se dividirem, o fazem indiscriminadamente. Isso pode ser causado por mutações nos receptores, que os tornam constantemente ativos, mesmo na ausência do sinal apropriado.

TEMAS RELACIONADOS
CÉLULAS E DIVISÃO CELULAR
p. 54

IMUNIDADE
p. 60

CÂNCER
p. 84

DADOS BIOGRÁFICOS
EARL W. SUTHERLAND
1915-1974
Bioquímico norte-americano, provou que hormônios ativam enzimas dentro de células-alvo que produzem moléculas de sinalização adicionais chamadas segundos mensageiros

MARTIN RODBELL E ALFRED GILMAN
1925-1998 e 1941-
Bioquímicos norte-americanos, descobriram a importância das proteínas G – moléculas essenciais que permitem a transmissão de sinais nas células

CITAÇÃO
Phil Dash

Como uma célula sabe quando se dividir? Ela recebe instruções por meio de moléculas receptoras em sua superfície.

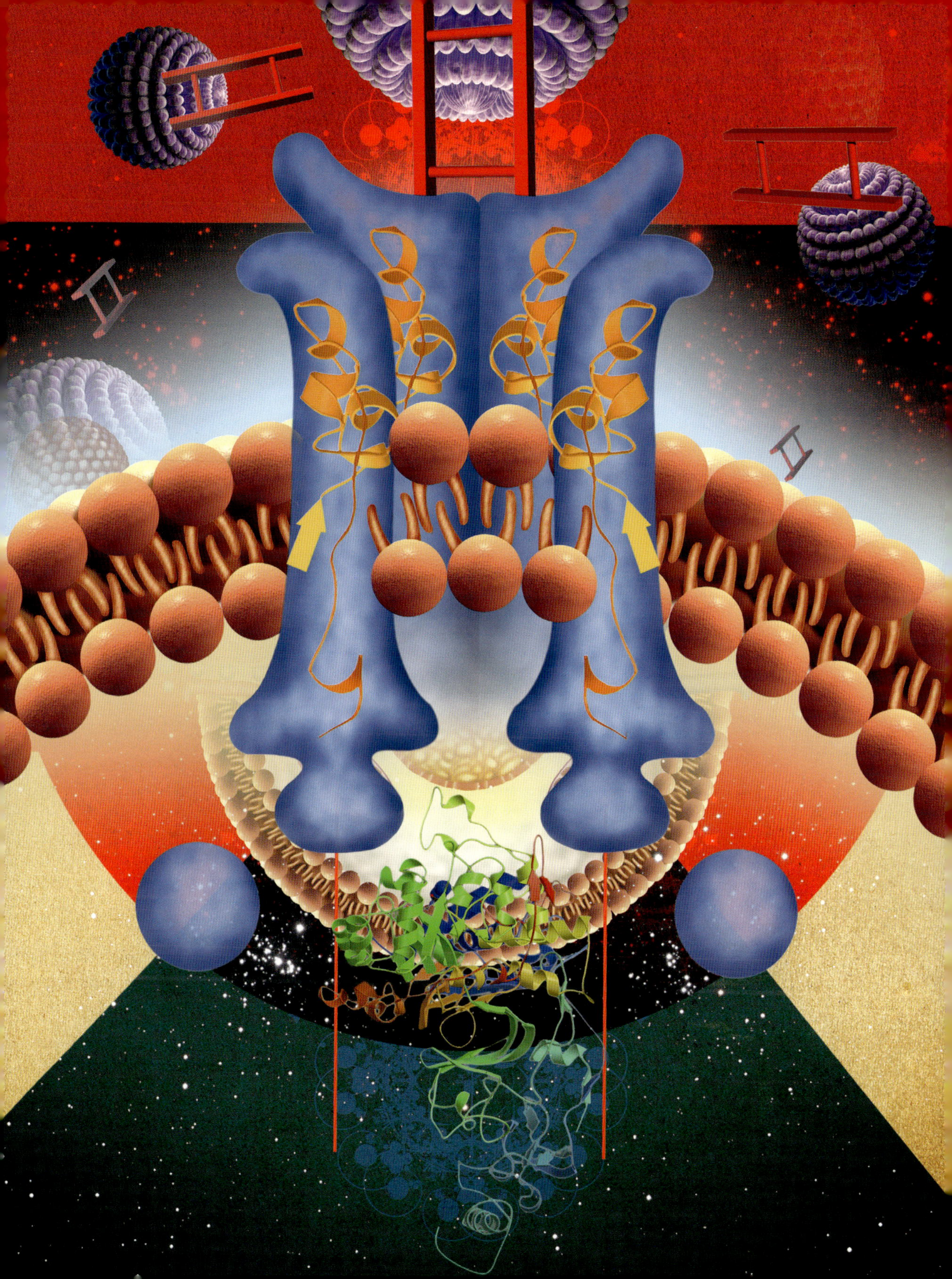

1936
Nasce em Gelsenkirchen-Buer, Alemanha

1960
Completa o doutorado em medicina na Universidade de Düsseldorf

1966
Inicia o trabalho no laboratório de vírus do Children's Hospital of Philadephia

1969
Torna-se professor no Instituto de Virologia da Universidade de Würzburg

1972
Torna-se professor da Universidade de Erlangen-Nuremberg

1977
Assume como chefe do Departamento de Virologia e Higiene da Universidade de Friburgo

1983
Identifica o primeiro DNA do papilomavírus humano em tumores de câncer cervical

1983
Nomeado diretor científico do Centro Alemão de Pesquisa do Câncer

2004
Recebe o título de Cavaleiro Comendador da Ordem do Mérito da República Federal da Alemanha

2008
Recebe o Prêmio Nobel de Fisiologia ou Medicina

HARALD ZUR HAUSEN

Premiado com o Nobel, Harald zur Hausen transformou nosso entendimento do câncer cervical quando suas pesquisas com o papilomavírus humano (HPV) revelaram ligações com tumores cancerígenos.

Ainda criança durante a Segunda Guerra Mundial, zur Hausen teve uma educação fragmentada, mas isso não o impediu de ingressar na Universidade de Bonn, onde estudou biologia e medicina. As mudanças para Hamburgo e depois Düsseldorf foram parte de sua formação, e, apesar de sempre pretender ingressar na pesquisa, zur Hausen desejava qualificar-se como médico, o que significava dois anos de residência. Imediatamente após esse período, começou a trabalhar no Instituto de Microbiologia da Universidade de Düsseldorf, onde estudou alterações cromossômicas induzidas por vírus. De lá, transferiu-se para o laboratório de vírus do Children's Hospital of Philadephia, onde se juntou aos virologistas Werner e Gertrude Henle. Eles examinaram o impacto do vírus Epstein-Barr nas células e produziram as primeiras demonstrações claras de que um vírus pode transformar uma célula saudável em cancerígena.

Com pouco mais de 40 anos, zur Hausen administrava o departamento de virologia de Friburgo onde, junto de Lutz Glissmann, isolou o papilomavírus humano 6 de verrugas genitais. Com outra colega – Ethel Michele de Villiers, com quem se casou mais tarde –, zur Hausen clonou o DNA do HPV 6 de células de verrugas genitais, estabelecendo a impressão genética como um potencial mecanismo para identificar o papel desempenhado pelos vírus no desencadeamento de células cancerígenas. O ápice dessa pesquisa ocorreu entre 1983 e 1984, com a descoberta do DNA de mais dois tipos de papilomavírus humano (HPV 16 e 18) em tumores de câncer cervical, resultando no estabelecimento do HPV como causador da maioria dos casos dessa doença.

Se as descobertas sobre o HPV foram por um tempo contestadas, pois havia diversas causas possíveis de câncer cervical, os dados acumulados confirmaram a teoria de zur Hausen. Isso levou à introdução da vacina contra o HPV para jovens mulheres em 2006, o que pode resultar numa significativa redução nos casos de câncer cervical. Zur Hausen dividiu o Prêmio Nobel pela "descoberta do papilomavírus humano como causador do câncer cervical" com os responsáveis por desvendar o papel do vírus HIV na AIDS. Houve certa discussão por um membro do comitê do Nobel ser diretor de uma empresa farmacêutica envolvida na vacina do HPV, mas não há evidência de esse fato ter influenciado na escolha, e os pares de zur Hausen endossaram o prêmio por seu trabalho extraordinário.

Brian Clegg

IMUNIDADE

O sistema imunológico defende a vida multicelular de microrganismos danosos. A imunidade começa com barreiras físicas, como a pele, que impede a entrada de patógenos. Quando essa primeira defesa é violada, o sistema imunológico começa a agir propriamente. A resposta inicial a um patógeno em geral vem de células especializadas chamadas macrófagos. Elas são encontradas em todo o corpo e possuem receptores exclusivos em sua superfície que reconhecem proteínas bacterianas e material genético viral. Uma vez detectado, o patógeno é rapidamente englobado e digerido pelo macrófago. Isso raramente é suficiente para extirpar uma infecção, mas controla a propagação do patógeno até que outros agentes do sistema imunológico entrem em ação. Na etapa seguinte, os macrófagos enviam sinais para o restante do sistema imunológico, atraindo para o local da infecção numerosas outras células imunes, como neutrófilos. Estes liberam compostos químicos antimicrobianos e desencadeiam um estado de inflamação, aprimorando a resposta imunológica posterior. Esse tipo de reação imune pode ser observada em todos os animais, mas há outro tipo que ocorre apenas nos vertebrados e é baseada em células especializadas chamadas linfócitos. Alguns linfócitos são capazes de destruir células infectadas por vírus.

SÍNTESE
O sistema imunológico conta com células especializadas, como macrófagos e linfócitos, que produzem um arsenal químico e biológico para detectar e destruir patógenos potenciais.

DISSECAÇÃO
Uma fração pequena dos linfócitos é capaz de reconhecer patógenos específicos. Como resposta a uma infecção, eles levam alguns dias para se expandir em número, mas, uma vez que a eliminarem, muitos deles permanecem como células de memória capazes de reagir a uma infecção subsequente do mesmo patógeno. Essa memória imunológica é a base do efeito protetor da vacinação.

TEMAS RELACIONADOS
ORIGEM DA VIDA – VÍRUS
p. 14

BACTÉRIAS
p. 18

COMUNICAÇÃO CELULAR
p. 56

DADOS BIOGRÁFICOS
SUSUMU TONEGAWA
1939-
Biólogo molecular japonês que descobriu a base genética para a diversidade de anticorpos

JULES A. HOFFMANN
1941-
Imunologista francês que constatou como patógenos são detectados pelas células imunes

BRUCE A. BEUTLER
1957-
Imunologista norte-americano que descobriu como a detecção imunológica de micróbios ocorre nos mamíferos

CITAÇÃO
Phil Dash

O sistema imunológico libera células especializadas para conter invasores prejudiciais.

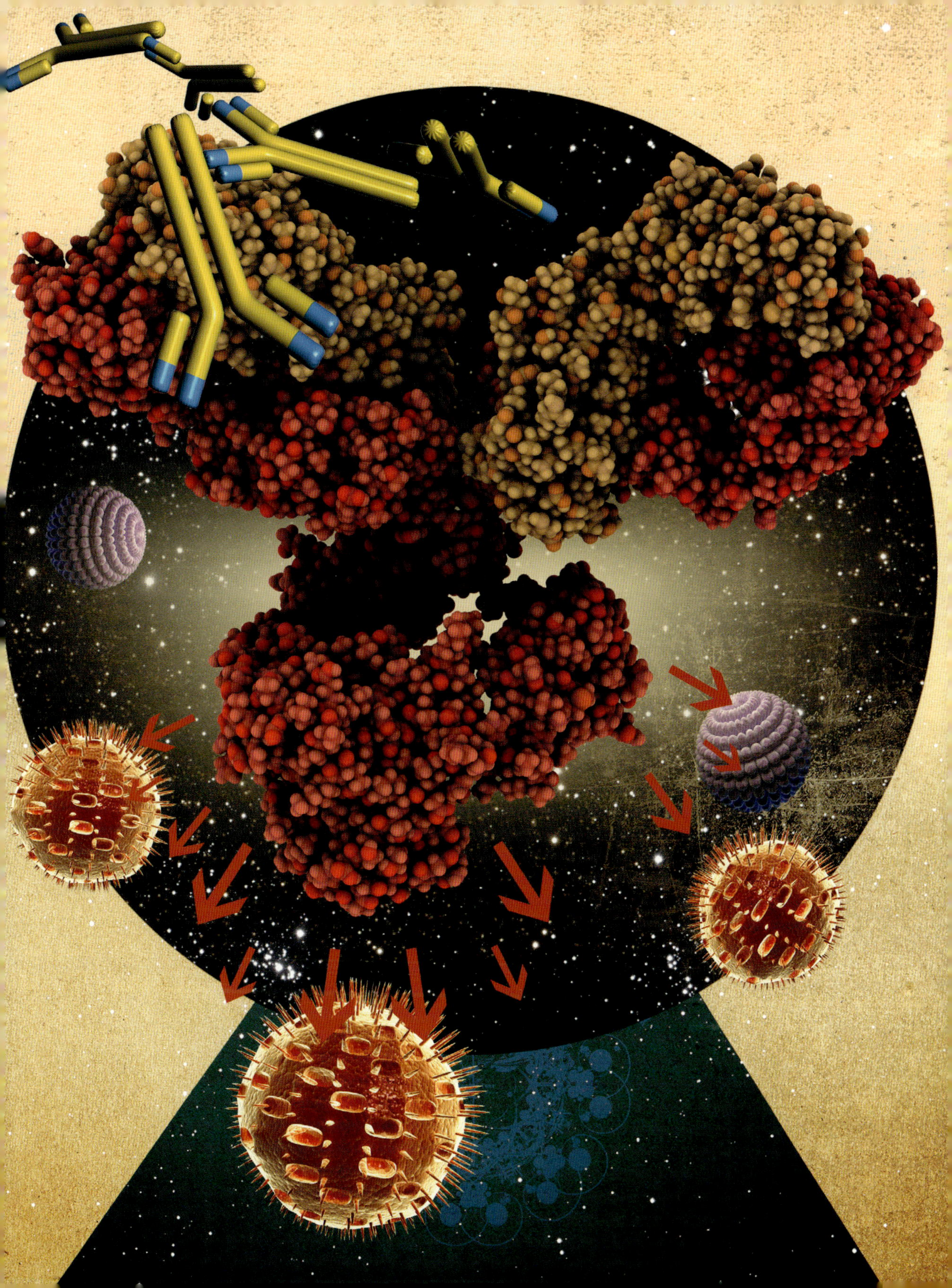

NEURÔNIOS

Neurônios são células do corpo

especializadas na condução de informações entre os órgãos dos sentidos, o cérebro e outras partes do corpo. Essas informações são transmitidas na forma de impulsos elétricos que "pulam" entre células vizinhas através de lacunas chamadas sinapses. Nos últimos anos, houve grande avanço na compreensão do funcionamento das sinapses, e hoje se sabe que os neurônios adaptaram processos comuns a outras células para permitir a rápida transmissão de sinais através dessas lacunas pequenas, mas vitais. Os impulsos podem passar por conexões elétricas diretas ou por intermediários químicos chamados neurotransmissores. Em geral, os neurônios recebem sinais de órgãos dos sentidos ou de outros neurônios por meio de pequenas conexões em forma de espinha chamadas dendritos e transmitem as informações por axônios, que podem se alongar enormemente – aqueles que ligam a medula espinhal aos membros inferiores chegam a ter 1 metro de comprimento. Os neurônios geralmente ficam agrupados a outras células e a tecido adiposo isolante, formando nervos. Cérebro e medula espinhal formam o sistema nervoso central, que interage por meio de sinapses com o sistema nervoso periférico na pele, músculos e órgãos internos. Uma parte importante dessa estrutura é o sistema nervoso autônomo, responsável por processos involuntários, como regular a respiração e os batimentos cardíacos.

SÍNTESE
Neurônios formam o circuito elétrico do cérebro e do corpo, permitindo que várias partes do organismo operem de maneira coordenada.

DISSECAÇÃO
A maioria das células é sensível a alterações na tensão elétrica (voltagem) através de suas membranas. Controlar a voltagem por meio das membranas parece ser uma função essencial de toda célula viva – mesmo organismos unicelulares utilizam a tensão elétrica para operar respostas simples a estímulos. A evolução dos sistemas nervosos em organismos multicelulares maiores ocorreu como uma forma de divisão do trabalho. Enquanto algumas células se especializaram na digestão, secreção ou reprodução, outras se refinaram e expandiram tais habilidades elétricas, evoluindo em neurônios.

TEMAS RELACIONADOS
COMUNICAÇÃO CELULAR
p. 56

POLÊMICA: CÉLULAS-
-TRONCO
p. 68

DADOS BIOGRÁFICOS
SANTIAGO RAMÓN Y CAJAL
1852-1934
Biólogo espanhol cujos desenhos de neurônios até hoje são utilizados no aprendizado de neurocientistas

CITAÇÃO
Henry Gee

O sistema nervoso central (cérebro e medula espinhal) envia e recebe sinais na forma de impulsos elétricos para as extremidades do corpo.

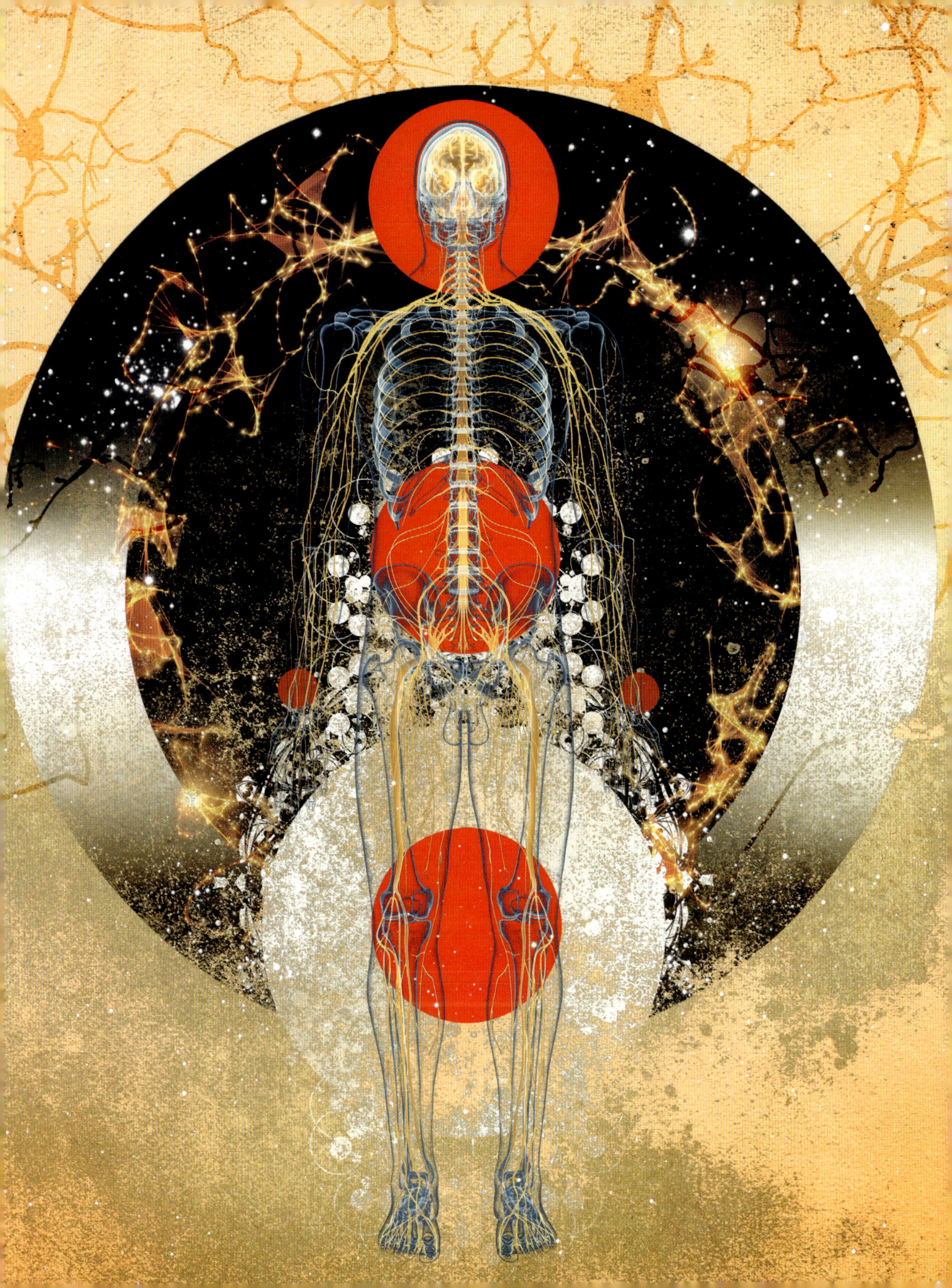

MÚSCULOS

Os músculos estão relacionados

ao movimento, seja no andar dos humanos, seja no nadar dos peixes e no voar dos pássaros. Também são responsáveis por ações internas no corpo, como o batimento cardíaco, que nos humanos normalmente ocorre entre 60 e 70 vezes por minuto, fornecendo sangue oxigenado a todos os órgãos – inclusive outros músculos. Para realizar o movimento físico do corpo, o tecido muscular estriado é formado por músculos fortemente ligados aos ossos do esqueleto. Ele é constituído por grupos de células musculares individuais, das quais cada uma contém conjuntos de filamentos proteicos (miofibrilas). Impulsos nervosos estimulam essas células a se contraírem, exercendo força cinética na parte do esqueleto em que o músculo está ligado e criando movimento. O outro grupo principal de músculos é o dos lisos, que não estão conectados diretamente ao esqueleto, mas compõem órgãos internos, como o intestino e os do sistema reprodutor; eles se contraem em fases, criando uma onda controlada de movimentos. A musculatura lisa que transmite a maior força no corpo é a do miométrio, empregada quando mamíferos dão à luz. Músculos também são a maior parte da dieta dos carnívoros e porção considerável da dos onívoros, como humanos.

SÍNTESE
Os músculos transformam energia química dos organismos em alguma forma de movimento.

DISSECAÇÃO
Há cerca de 650 tecidos musculares estriados no corpo humano. Os filamentos de miofibrilas contidos nas células musculares são formados principalmente pelas proteínas actina e miosina. Além de permitir aos animais se deslocar em seu ambiente, os movimentos musculares são necessários em avaliações sensoriais, como, por exemplo, mexer e focar o olho. Os músculos do tórax e da laringe são responsáveis pela produção de sons e da linguagem, enquanto os da face permitem a comunicação emocional e não verbal.

TEMAS RELACIONADOS
REPRODUÇÃO DOS ANIMAIS
p. 78

METABOLISMO
p. 100

EXCREÇÃO
p. 104

DADOS BIOGRÁFICOS
H. E. HUXLEY E
A. F. HUXLEY
1924-2013 e 1917-2012
Fisiologistas ingleses responsáveis por descobertas importantes na biologia de nervos e músculos

CITAÇÃO
Tim Richardson

Dependemos dos músculos não só para nos movimentarmos, mas para enxergar, falar, sorrir, engolir e digerir comida, além de bombear sangue por todo o corpo.

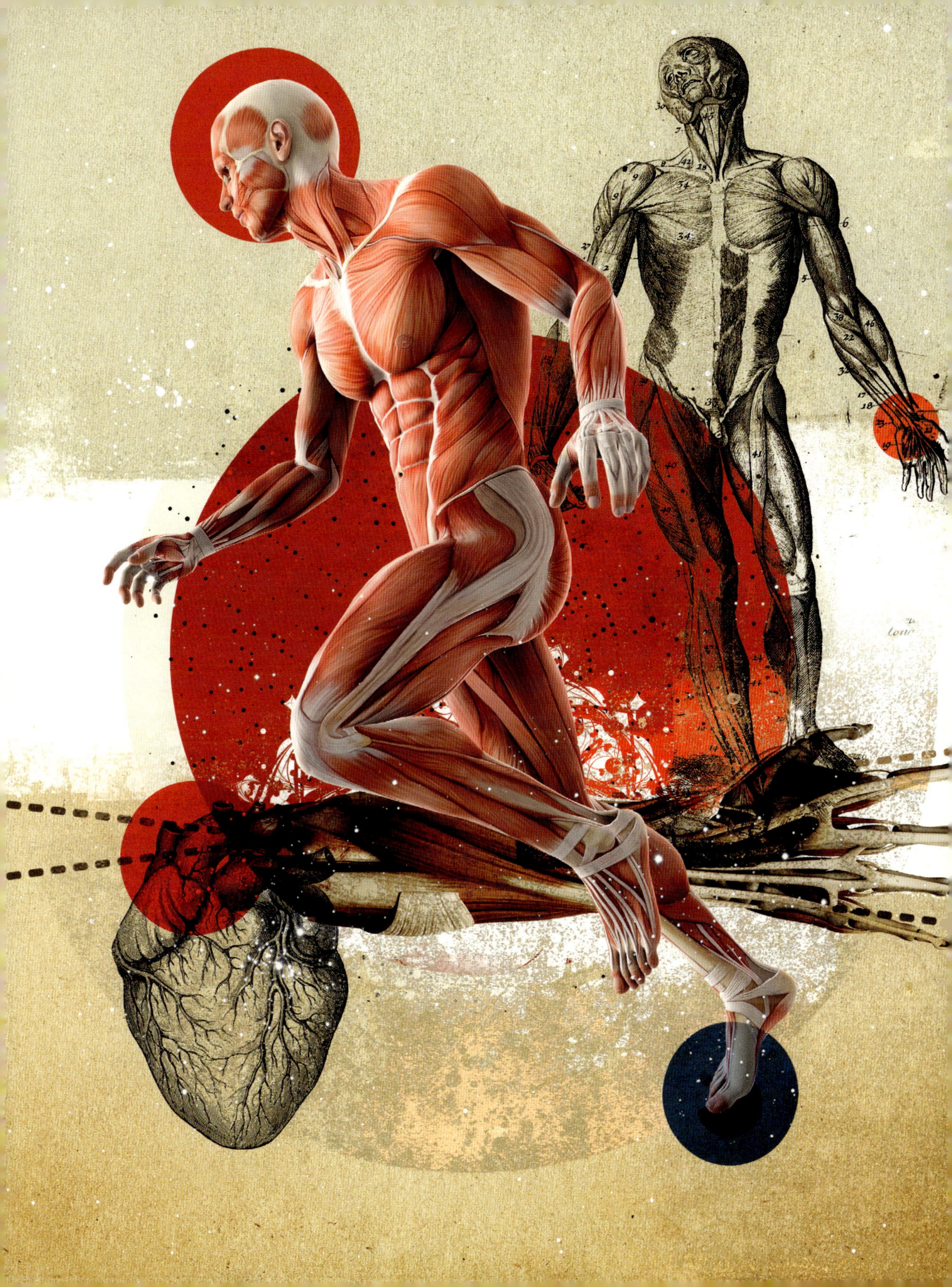

SISTEMA CIRCULATÓRIO

As células animais necessitam

de um suprimento constante de nutrientes e oxigênio do meio ambiente, para onde devolvem o dejeto que produzem. Espécies complexas com muitas camadas de células desenvolveram um mecanismo que fornece nutrientes e remove excrementos das células. Esse mecanismo é conhecido como sistema circulatório e tem três componentes principais: o fluido (sangue, contendo muitas células), uma bomba (coração) e uma rede complexa de tubos e vasos. Em insetos, aracnídeos e crustáceos, com circulação aberta, o fluido transportado (hemolinfa) banha os tecidos e suas células e é sugado de volta aos vasos durante o relaxamento do coração. Em todos os vertebrados, o sangue fica confinado aos vasos, sob constante pressão produzida pelo batimento cardíaco. Mamíferos e aves possuem um sistema circulatório duplo: um entre o coração e os pulmões e outro entre o coração e o resto do corpo. Isso permite que o sangue passe pelos pulmões, onde libera dióxido de carbono e absorve oxigênio, e depois volte para o coração, que bombeia o sangue cheio de combustível para o resto do corpo por meio de uma rede de artérias. Essas artérias se dividem em vasos cada vez menores até os capilares, que penetram em todos os tecidos e garantem que todas as células estejam próximas dessa rede de suprimentos. O sangue volta então para o coração pelas veias, e o ciclo recomeça.

SÍNTESE
No reino animal, o sistema circulatório, quando presente, em geral fornece nutrientes e oxigênio para as células e recolhe os dejetos do funcionamento celular.

DISSECAÇÃO
A seleção natural permitiu o desenvolvimento de mecanismos que protegem o sistema circulatório, prevenindo a perda de sangue. Vasos sanguíneos danificados ou rompidos estimulam a coagulação, prevenindo vazamentos grandes, enquanto a corrente sanguínea, em vasos saudáveis, evita esse processo. Doenças nos vasos sanguíneos, geralmente causadas pelo acúmulo de resíduos de gordura, podem resultar na coagulação dentro dos vasos, o que, em humanos, causa infarto e AVC.

TEMAS RELACIONADOS
RESPIRAÇÃO
p. 94

METABOLISMO
p. 100

NUTRIÇÃO
p. 102

EXCREÇÃO
p. 104

DADOS BIOGRÁFICOS
WILLIAM HARVEY
1578-1657
Médico inglês, descobriu a organização do sistema circulatório humano em 1628

CITAÇÃO
Jonathan Gibbins

Em nossa circulação dupla, o sangue bombeado do coração para os pulmões volta rico em oxigênio e então é distribuído pelas artérias antes de voltar pelas veias.

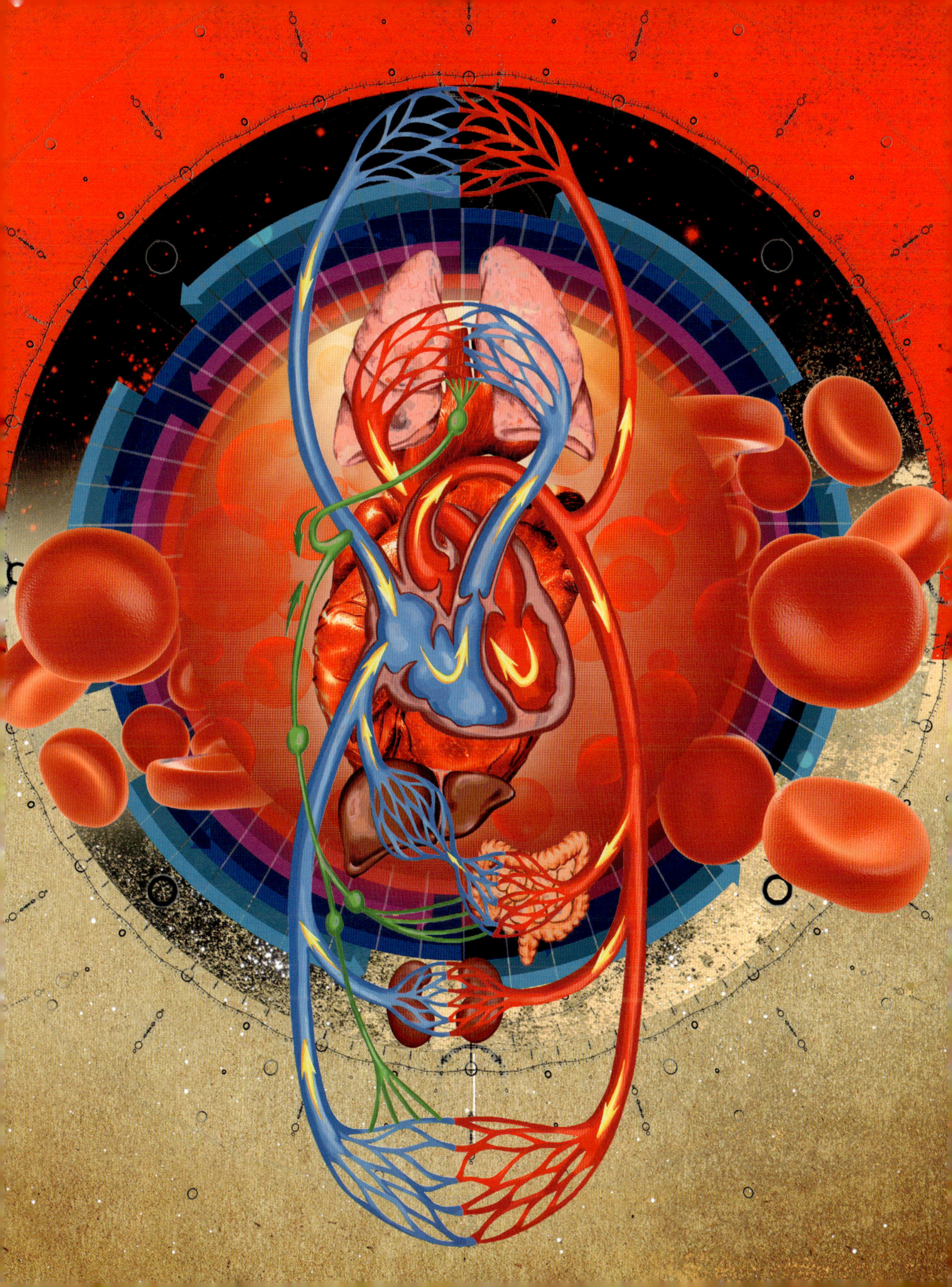

POLÊMICA
CÉLULAS-TRONCO

As células-tronco fornecem meios de recuperar tecidos danificados, como músculo cardíaco doente ou nervos deteriorados da medula espinhal. Elas têm enorme potencial para a medicina regenerativa, mas são controversas porque as mais valiosas (as pluripotentes, que podem gerar todo tipo de célula) são obtidas pela destruição de embriões humanos. A questão central no debate ético é: quando o embrião pode ser considerado uma pessoa? É errado destruir um indivíduo, mesmo que suas células-tronco pudessem aliviar o sofrimento de outro. Portanto, se um embrião pode ser considerado um ser humano, utilizar suas células-tronco deveria estar fora de questão. Por outro lado, se a vida se inicia com a formação das bases de um sistema nervoso, e com isso o desenvolvimento de uma individualidade, então antes de cerca de 14 dias o embrião ainda não constitui uma pessoa. As crenças religiosas discordam sobre o assunto, algumas defendendo a potencialidade que todo embrião tem de se tornar um indivíduo, e portanto definem limites distintos. As leis também variam: no Reino Unido, por exemplo, permitem-se embriões destinados apenas à pesquisa; é ilegal implantá-los em úteros, de modo que não são considerados pessoas em potencial. Pesquisadores também podem utilizar células-tronco embrionárias mantidas artificialmente para evitar o uso de embriões. Hoje, é possível induzir células-tronco pluripotentes a partir de células adultas, o que evitaria o uso de embriões e reduziria as implicações éticas.

SÍNTESE
O uso de células-tronco é polêmico porque elas podem ser retiradas de embriões. Esse dilema pode se solucionar se pudermos obtê-las a partir de células adultas.

DISSECAÇÃO
O problema de se usar células embrionárias na medicina regenerativa é que o sistema imunológico do receptor pode rejeitá-las. Uma solução potencial seria criar um embrião clonado, substituindo o núcleo do doador pelo de uma célula do próprio paciente. Assim, as células-tronco seriam geneticamente compatíveis.

TEMAS RELACIONADOS
POLÊMICA: TESTE GENÉTICO
p. 48

DESENVOLVIMENTO DOS ANIMAIS
p. 76

POLÊMICA: OGMs
p. 88

DADOS BIOGRÁFICOS
ERNEST MCCULLOCH E JAMES TILL
1926-2011 e 1931-
Cientistas canadenses que forneceram, no início da década de 1960, evidências-chave da existência das células-tronco

JAMES THOMPSON
1958-
Cientista norte-americano que, em 1998, criou a primeira cultura de células-tronco embrionárias humanas e, em 2007, obteve células-tronco pluripotentes induzidas

CITAÇÃO
Nick Battey

Poder de cura. Células--tronco pluripotentes podem se transformar em qualquer tipo de célula.

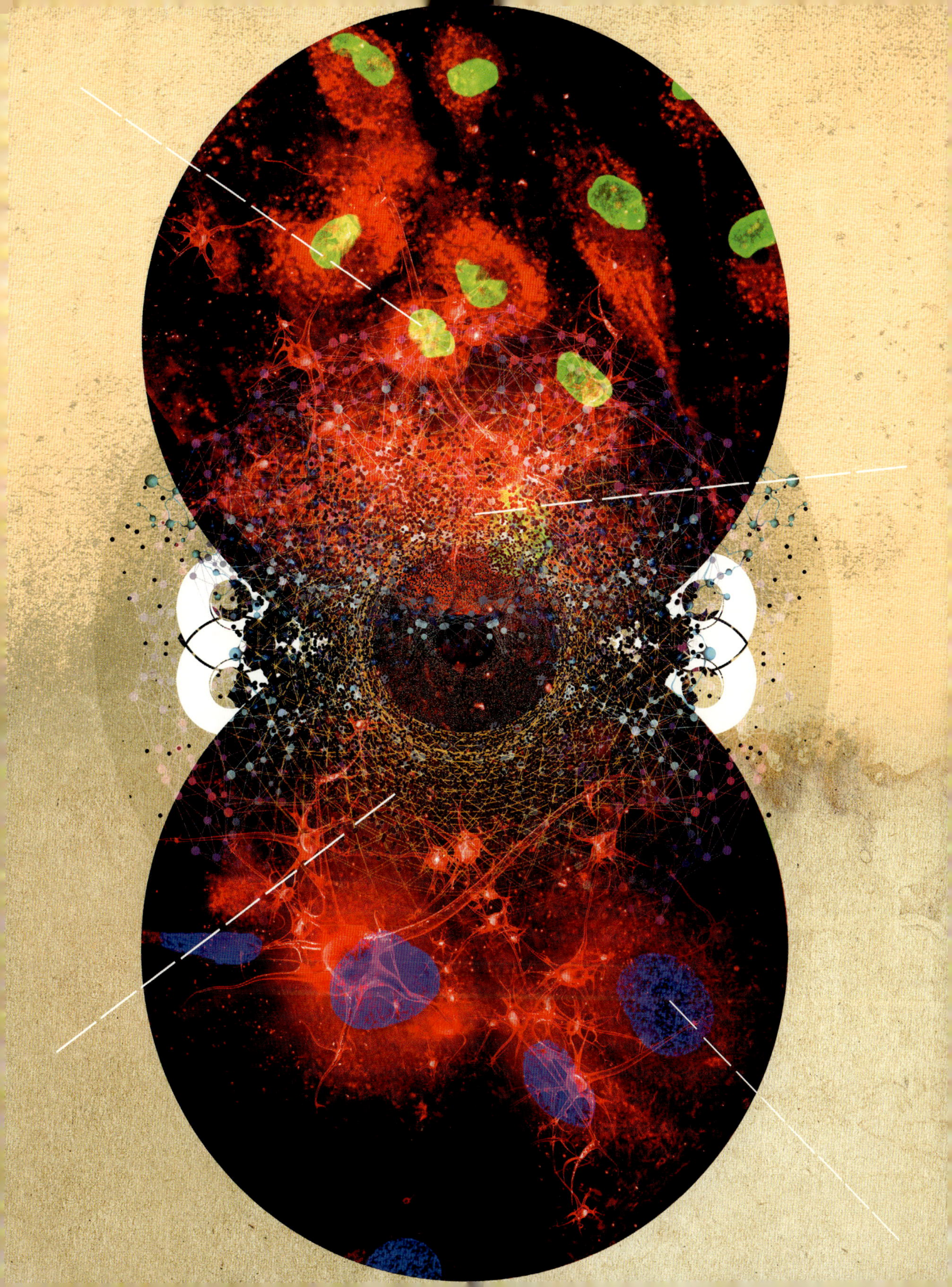

CRESCIMENTO E REPRODUÇÃO

CRESCIMENTO E REPRODUÇÃO
GLOSSÁRIO

anual/bienal/perene Termos que descrevem a extensão da vida vegetal. Plantas anuais completam seu ciclo de vida, da germinação à produção de sementes, em um ano. Bienais levam dois anos, e perenes vivem mais de dois anos.

apoptose Morte programada de células em um organismo. A deformação nos genes que estimulam esse processo é uma das causas do câncer – as células que deveriam morrer continuam vivas.

biofilme Comunidade autossuficiente de bactérias na qual diferentes espécies podem colaborar, umas reciclando os dejetos de outras. A placa bacteriana é um biofilme.

decíduo Árvore ou arbusto que perde as folhas anualmente. As perenifólias perdem as folhas gradualmente durante o ano, gerando novas ao mesmo tempo.

diploide Núcleo ou célula com dois grupos de cromossomos, um de cada progenitor.

DNA Ácido desoxirribonucleico, molécula portadora da informação genética codificada que transmite traços hereditários. O DNA é encontrado nas células de todo procarionte e eucarionte.

Dolly, a ovelha Primeiro mamífero a ser clonado a partir de uma célula adulta. Em 1996, equipe formada por membros do Roslin Institute e da empresa de biotecnologia PPL Therapeutics clonou Dolly, uma ovelha doméstica, a partir de uma célula da glândula mamária de outra ovelha, adicionando-se novo material genético a uma célula que teve o material original removido.

estame Órgão reprodutor masculino das flores, responsável pela produção de pólen.

fotossíntese Processo pelo qual as plantas verdes produzem seu alimento (açúcar e amido) a partir de água e dióxido de carbono, liberando oxigênio como subproduto. A fotossíntese é alimentada pela energia da luz solar, captada pela clorofila encontrada nos cloroplastos das células de tais plantas.

fundo genético Conjunto de genes em uma população. Variabilidade genética é a alternância dos genes em um fundo genético.

gameta Célula germinativa haploide (com um lote de cromossomos) fêmea ou macho com capacidade de se fundir com outra do sexo oposto na reprodução sexuada para formar o zigoto. Nos animais, os gametas femininos são óvulos (ovos), enquanto os masculinos são espermatozoides.

geneticamente modificado Organismo modificado geneticamente, em geral para produzir características desejáveis como a resistência a pestes em uma planta.

haploide Núcleo ou célula com apenas um conjunto de cromossomos sem par.

heterogamia Reprodução sexuada que combina gametas diferentes. O oposto – reprodução sexuada com gametas similares– é chamado de isogamia.

meristema Área da ponta crescente de brotos e raízes de vegetais onde as células-tronco se dividem.

órgão intromitente Órgão externo utilizado pelos machos para fornecer espermatozoides durante a reprodução sexuada. Nos mamíferos é o pênis.

plasmídeo Molécula de DNA geralmente encontrada no citoplasma de bactérias.

radioterapia Tratamento de doenças – sobretudo câncer – que emprega raios-X ou outra radiação de alta energia. Também é conhecida como terapia de radiação.

RNA Ácido ribonucleico. Molécula presente em todas as células vivas que desempenha papel fundamental na síntese de proteínas. Em alguns vírus, o RNA, e não o DNA, porta as informações genéticas.

seleção natural Processo pelo qual os organismos mais bem adaptados ao ambiente sobrevivem e produzem maior número de descendentes. Desvendada pelo naturalista inglês Charles Darwin, a seleção natural é um dos principais mecanismos da evolução das espécies.

sépala Parte das angiospermas (plantas com flores) localizada na parte externa das pétalas para proteger os botões de flor. Em geral são verdes e se parecem com folhas.

tumor Edema causado pelo crescimento anormal de tecidos. Tumores cancerígenos, também chamados malignos, são causados pelo crescimento anormal das células e têm potencial para se espalhar por outras partes do corpo. Tumores não cancerígenos são chamados benignos.

vegetais transgênicos Vegetais que contêm material genético transferido de outros organismos.

zigoto Célula diploide (com dois lotes de cromossomos), formada pela fusão de dois gametas – como por exemplo um óvulo fertilizado por um espermatozoide.

DESENVOLVIMENTO E REPRODUÇÃO DAS BACTÉRIAS

SÍNTESE
Como a maioria dos organismos unicelulares, as bactérias multiplicam-se pela divisão. Apesar de seu potencial individual de desenvolvimento ser limitado, a comunicação e a troca genética entre indivíduos resultam em diferenciações dentro das comunidades.

DISSECAÇÃO
A vida bacteriana não é completamente assexuada. Às vezes, as bactérias estendem tubos chamados pili (plural de pilus) de uma a outra, através dos quais trocam material genético. Além de seus cromossomos, as bactérias podem abrigar pequenas partes de DNA chamadas plasmídeos. Eles são importantes, pois podem conter genes que conferem resistência antibiótica ou outros traços, como a habilidade de fixar nitrogênio. As bactérias são muito liberais com seu DNA, recolhendo-o do ambiente e trocando-o com outras.

Bactérias são organismos unicelulares envoltos em uma membrana espessa que se multiplicam dividindo-se em duas células geneticamente idênticas. O período em que esse processo ocorre varia muito. A bactéria mais comum de nosso intestino, a *Escherichia coli*, duplica-se a cada menos de 20 minutos, enquanto a *Mycobacterium tuberculosis*, agente infeccioso da tuberculose, pode demorar até 16 horas. As bactérias tornam-se suscetíveis a antibióticos no momento da divisão celular. Em um ambiente favorável, com fonte de nutrientes, as bactérias tendem a se dividir indefinidamente até que os recursos se esgotem – quando, então, param de se replicar e podem morrer. Algumas, contudo, associam-se a outras espécies de bactérias para formar biofilmes, comunidades ecologicamente autossuficientes nas quais diferentes espécies reciclam os dejetos umas das outras. Essas associações, de remoção extremamente difícil, são encontradas, por exemplo, na placa bacteriana dos dentes e também nos pulmões de pacientes com fibrose cística. Quando se encontram em dificuldades, certas bactérias, como a *Clostridium tetani*, causadora do tétano, originam uma estrutura diferente, inerte e resistente, chamada esporo. Por criar um tipo de célula distinto, a formação do esporo é o único processo que pode ser considerado um "desenvolvimento" das bactérias.

TEMAS RELACIONADOS
ARQUEAS
p. 16

BACTÉRIAS
p. 18

MUTUALISMOS
p. 122

DADOS BIOGRÁFICOS
OSWALD AVERY
1877-1955
Biólogo norte-americano que, em 1944, com os colegas Colin MacLeod e Maclyn McCarty, mostrou que bactérias vivas recolhiam DNA de células mortas do ambiente, provando que o DNA era o material hereditário

STANLEY N. COHEN
1935-
Geneticista norte-americano que, junto a Herb Boyer e Paul Berg, descobriu como utilizar plasmídeos bacterianos para transferir DNA de um organismo para outro, inventando a engenharia genética

CITAÇÃO
Henry Gee

Bactérias como a E. coli podem se multiplicar rapidamente até que esgotem seus recursos.

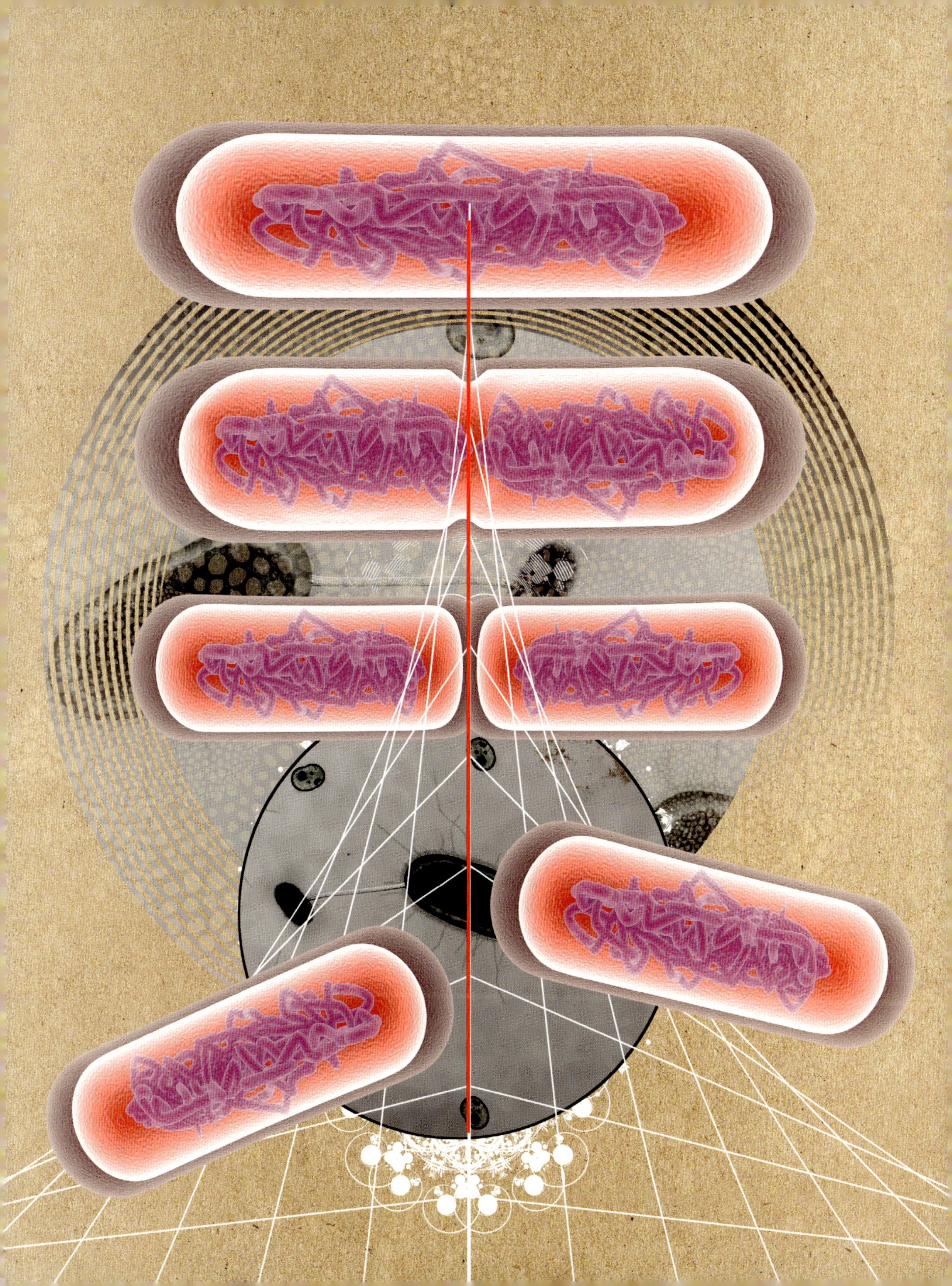

DESENVOLVIMENTO DOS ANIMAIS

Todo animal desenvolve-se

a partir de uma única célula, o zigoto, criado pela fusão de um óvulo e um espermatozoide. No princípio, o zigoto se divide em células menores, sem crescimento generalizado – é o estágio da mórula (estrutura assim chamada por se parecer com uma amora). Seu desenvolvimento depende da distribuição do vitelo derivado da célula materna. Células que contêm vitelo são maiores, dividem-se mais devagar e originam as vísceras do animal. As demais são menores, dividem-se mais rápido e constituem a pele, os nervos e outras partes do organismo. Tipicamente, a mórula se transforma em blástula a partir do surgimento de uma cavidade central (a blastocele) e então sofre uma invaginação, como uma bola de futebol esmagada, para produzir a gástrula, agora composta de duas camadas de células e uma abertura em uma das extremidades. Em alguns animais essa abertura origina a boca. Em outros – especialmente nos vertebrados, incluindo humanos – origina o ânus, e a boca desenvolve-se a partir de uma abertura secundária. Na maioria dos animais, células oriundas das camadas interna e externa se acumulam no espaço entre essas camadas, revestindo a blastocele para produzir a cavidade corpórea e os órgãos internos, além de músculos e vasos sanguíneos. Algumas criaturas, como lombrigas e tunicados, têm o desenvolvimento altamente definido, ou seja, a linhagem de cada célula do adulto pode ser mapeada desde o zigoto.

SÍNTESE
O desenvolvimento animal é o processo pelo qual um óvulo e um espermatozoide juntam-se para criar e espalhar mais óvulos e mais espermatozoides.

DISSECAÇÃO
No fim da década de 1980, biólogos descobriram que peculiaridades conhecidas em drosófilas – como pares extras de asas ou pernas que nasciam no lugar das antenas – eram mutações em um grupo de genes (os genes Hox) que determina a ordem espacial em que estruturas se desenvolvem no corpo. A descoberta de que esses genes têm a mesma função em todos os animais, inclusive nos humanos, revolucionou nosso entendimento sobre o desenvolvimento.

TEMAS RELACIONADOS
ANIMAIS
p. 28

REPRODUÇÃO DOS ANIMAIS
p. 78

DADOS BIOGRÁFICOS
WILHELM ROUX
1850-1924
Embriologista alemão, discípulo de Ernst Haeckel, talvez seja o maior responsável por criar o estudo da embriologia e desenvolvimento como conhecemos hoje

CHRISTIANE NÜSSLEIN-
-VOLHARD
1942-
Bióloga alemã que, junto a Edward Lewis e Eric Wieschaus, ganhou o Prêmio Nobel em 1995 pelo seu trabalho com genes Hox nas drosófilas

CITAÇÃO
Henry Gee

Pesquisas nos genes Hox das drosófilas ajudaram a entender com mais clareza como mutações genéticas levam a alterações nas estruturas do corpo.

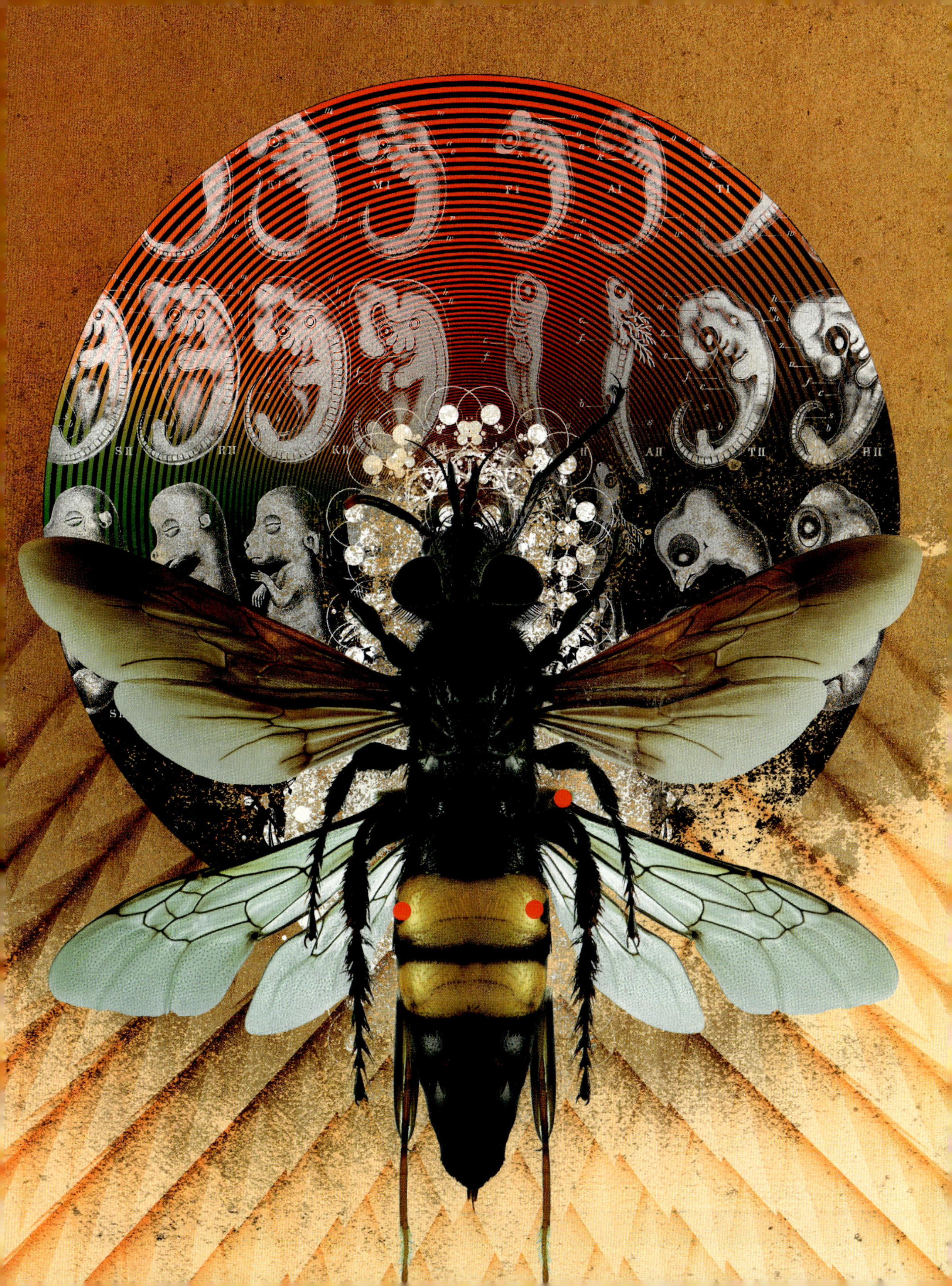

REPRODUÇÃO DOS ANIMAIS

A reprodução oferece aos genes

a oportunidade de se perpetuar e se difundir, mesmo que seu meio ambiente seja destruído. Além disso, permite a variação genética, processo fundamental na seleção natural. Indivíduos de espécies com reprodução sexuada produzem gametas haploides (espermatozoide ou óvulo) e então inventam maneiras de juntá-los para criar um novo ser diploide. Essas maneiras de garantir a continuidade são tão diversificadas quanto a vida em si. A maioria dos animais espalham seus gametas no ambiente aquático em que vivem, e a fertilização é externa. Muitos deles, para maximizarem suas chances, desenvolveram estratégias de fecundação interna, geralmente por meio da penetração de um órgão masculino intromitente, como o pênis, na fêmea. Nesses casos, apesar da fertilização ser interna, em geral os zigotos desenvolvem-se externamente na forma de ovos. Como os óvulos são grandes e poucos (enquanto os espermatozoides são pequenos e numerosos) e as fêmeas tendem a investir mais energia do que os machos em sua cria, elas têm bem mais interesse em ser bastante seletivas em relação aos parceiros do que o contrário. As estratégias de acasalamento e diferentes estilos de cuidados com a cria parecem representar no reino animal a gênese desse conflito sexual fundamental que, por sua vez, decorre simplesmente da diferença no tamanho dos gametas (heterogamia), cujas razões ainda são debatidas pelos cientistas.

SÍNTESE
A reprodução animal é enormemente variada, mas em geral se resume a uma história de "macho e fêmea se encontram" e em como eles contribuem para a próxima geração.

DISSECAÇÃO
Muitos animais e vegetais reproduzem-se assexuadamente, dividindo-se ou germinando cópias de si mesmos. Em comparação, a origem da reprodução sexuada parece um quebra-cabeças, já que cada parceiro transmite somente metade de seus genes para a próxima geração. Muitas explicações para o sexo já foram propostas, como a que ele randomiza os genes, mantendo o fundo genético (ou *pool* genético) mais saudável e variado, barreira importante contra doenças, parasitismo e circunstâncias imprevistas do ambiente.

TEMAS RELACIONADOS
DESENVOLVIMENTO DOS ANIMAIS
p. 76

DESENVOLVIMENTO DOS VEGETAIS
p. 80

SELEÇÃO SEXUAL
p. 116

DADOS BIOGRÁFICOS
AUGUST WEISMANN
1834-1914
Biólogo alemão, pioneiro em perceber que a herança de organismos multicelulares é administrada por células sexuais especiais, ou plasma germinativo

CITAÇÃO
Henry Gee

Assexuada ou sexuada, com o ovo sendo fertilizado dentro ou fora do corpo... Há uma grande variedade na reprodução dos animais.

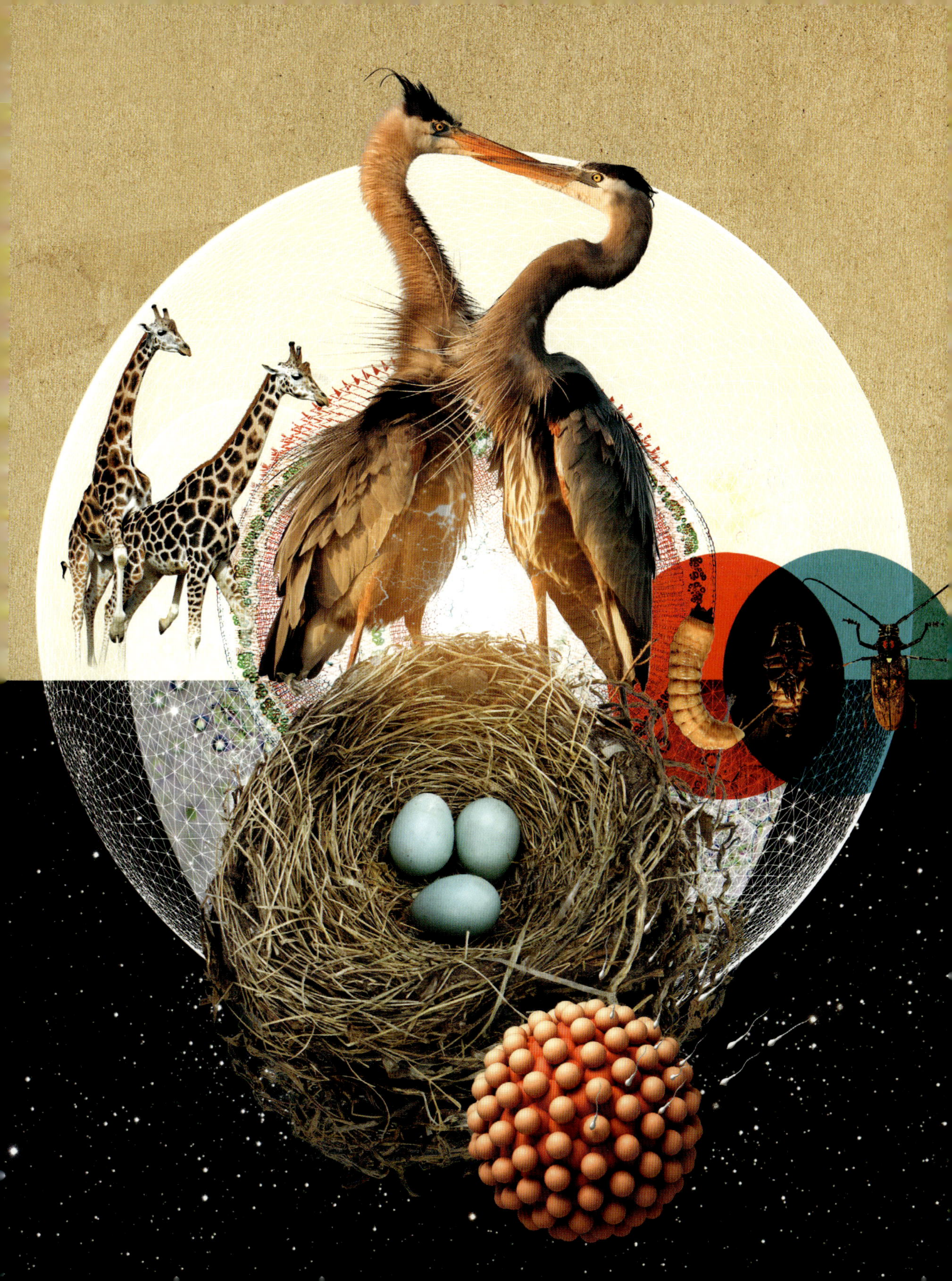

DESENVOLVIMENTO DOS VEGETAIS

Ao contrário dos animais, plantas adultas passam toda a vida em um único local, mas, em compensação, apresentam uma imensa variedade de formas. Enquanto os animais são compactos, em geral com uma única cabeça e um número fixo de membros, os vegetais podem variar enormemente a quantidade de folhas, flores, raízes e galhos, o que torna o desenvolvimento vegetal fundamentalmente diferente do animal. Ainda assim, há estruturas comuns que se repetem: folhas e caules formam brotos que eventualmente são seguidos por flores, e as raízes crescem de acordo com um padrão. Cada raiz ou broto cresce a partir das extremidades, desenvolvendo-se de uma região microscópica chamada meristema – um grupo de células-tronco que se dividem ativamente. O meio ambiente desempenha um papel importante no desenvolvimento vegetal: a sensibilidade à gravidade garante que raízes cresçam para baixo, e brotos, para cima; a necessidade de absorver luz solar para realizar fotossíntese faz com que as plantas se voltem para o sol. Em regiões temperadas, o desenvolvimento vegetal também varia muito com as estações do ano. Árvores decíduas reagem ao encurtamento dos dias e às temperaturas mais amenas do outono recolhendo nutrientes valiosos de suas folhas. O pigmento verde da clorofila é reciclado, revelando as belas cores da estação.

SÍNTESE
O desenvolvimento vegetal é caracterizado pelo crescimento a partir de meristemas e uma extraordinária sensibilidade ao meio ambiente.

DISSECAÇÃO
O desenvolvimento das plantas também é determinado por escolhas no estilo de vida. As anuais crescem da semente até a maturidade em uma única estação. São oportunistas: crescem, disseminam-se e fenecem. Por outro lado, as perenes podem desenvolver caules lenhosos e viver em um único local por séculos, ou até milênios. Há um grande contraste entre ervas daninhas, que florescem e morrem no verão, com sequoias imponentes, carvalhos antigos e oliveiras retorcidas que resistem por gerações.

TEMAS RELACIONADOS
VEGETAIS
p. 26

DESENVOLVIMENTO DOS ANIMAIS
p. 76

REPRODUÇÃO DOS VEGETAIS
p. 82

DADOS BIOGRÁFICOS
JOHANN WOLFGANG VON GOETHE
1749-1832
Dramaturgo, político e intelectual alemão, teorizou que muitos órgãos vegetais, como pétalas, sépalas e estames, são formas modificadas de um órgão parecido a uma folha, conceito hoje considerado essencialmente correto

CITAÇÃO
Henry Gee

Goethe revelou sua teoria sobre vegetais no livro A metamorfose das plantas, *de 1790.*

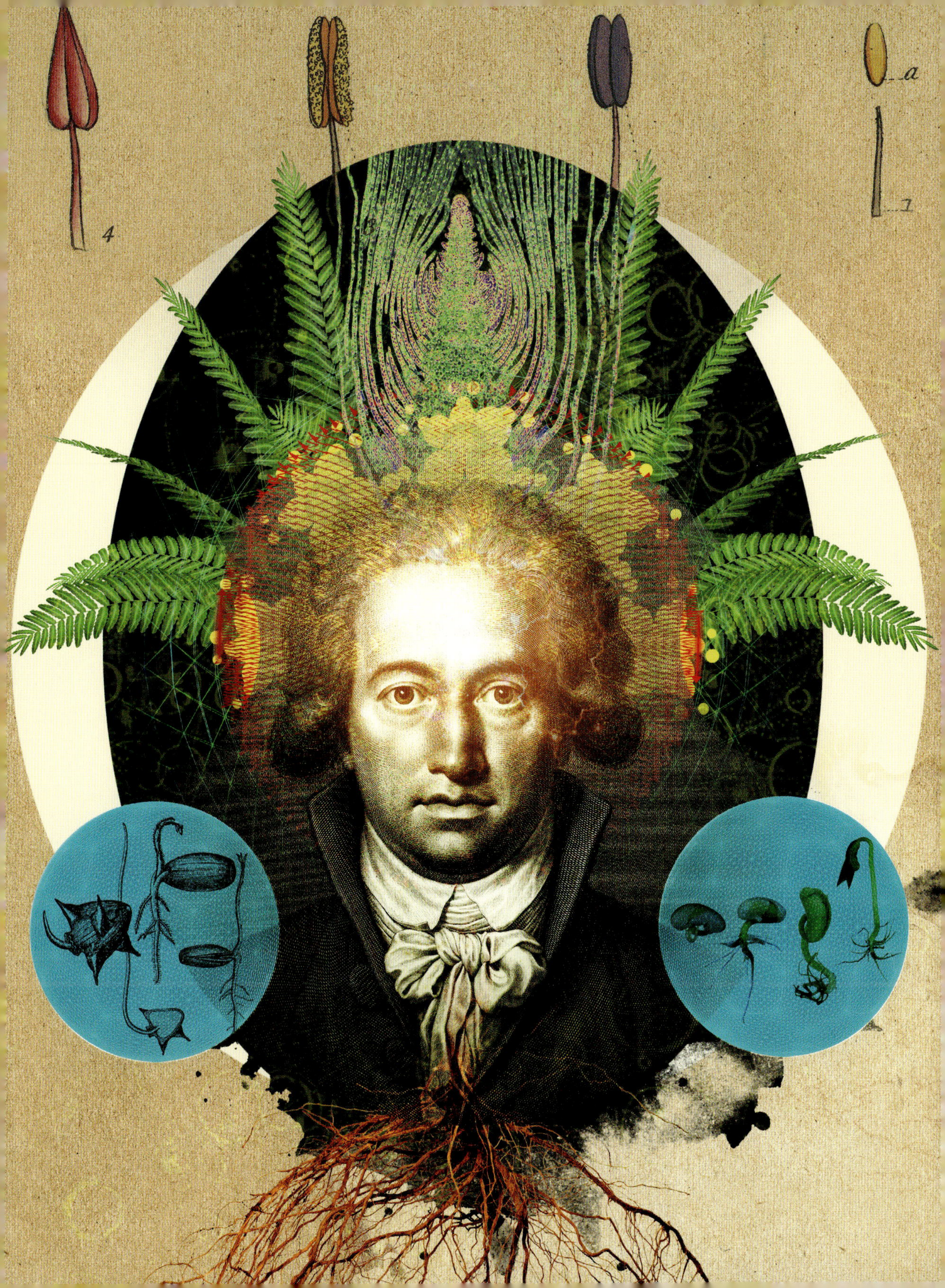
4
a
1

REPRODUÇÃO DOS VEGETAIS

SÍNTESE
A evolução do desenvolvimento vegetal consiste em um equilíbrio alternado entre gerações gametófitas e esporófitas, com domínio da última em plantas "superiores".

DISSECAÇÃO
Vegetais podem se reproduzir assexuadamente. Como todo jardineiro sabe, é possível produzir novas plantas a partir de um pedaço tirado de uma já existente. Em animais, tal poder regenerativo está confinado a criaturas muito simples. O fato de mesmo a mais complexa das plantas ser capaz de tal feito deve-se provavelmente à falta de especialização de suas células e tecidos, o que permite uma capacidade de regeneração imediata.

Como os animais, os vegetais em geral consistem em muitas células que contêm duas cópias do material genético (diploides), com exceção das células sexuais, ou gametas, que contém somente uma cópia (haploides) – o número diploide é restaurado na fusão durante a reprodução sexuada. Contudo, a alternância de gerações é mais proeminente em vegetais do que em animais, cuja geração haploide está confinada aos gametas. Em musgos e hepáticas, a geração haploide, ou gametófito, constitui o corpo da planta. As fêmeas produzem gametas maiores, que são fertilizados pelos pequenos espermatozoides produzidos pelo macho. Sua geração diploide, ou esporófito, é geralmente bem pequena e produz esporos. Nas samambaias, o esporófito é grande, e o gametófito, pequeno. Em gimnospermas (como coníferas) e angiospermas (plantas floríferas), o esporófito é dominante, e o gametófito fica praticamente confinado aos gametas em si. Nos vegetais mais simples, o espermatozoide nada na água (daí porque musgos e hepáticas vivem em áreas alagadas), mas, nos mais complexos, como gimnospermas e angiospermas, as células que originam o esperma ficam no pólen e alcançam os gametas femininos por meio de insetos polinizadores ou vento. Eles produzem propágulos diploides distintos – as sementes.

TEMAS RELACIONADOS
DESENVOLVIMENTO
DOS ANIMAIS
p. 76

REPRODUÇÃO DOS ANIMAIS
p. 78

DESENVOLVIMENTO
DOS VEGETAIS
p. 80

DADOS BIOGRÁFICOS
NEHEMIAH GREW
1641-1712
Botânico inglês, autor de *Anatomy of Plants* [Anatomia das plantas] (1682), percebeu que o pólen destinava-se à reprodução

WILHELM HOFMEISTER
1824-1877
Botânico alemão, descobriu a alternância de gerações nos vegetais

CITAÇÃO
Henry Gee

Musgos e hepáticas necessitam de água para transferir suas células reprodutivas; já as plantas floríferas e coníferas contam com o vento ou um inseto polinizador para transportar o pólen.

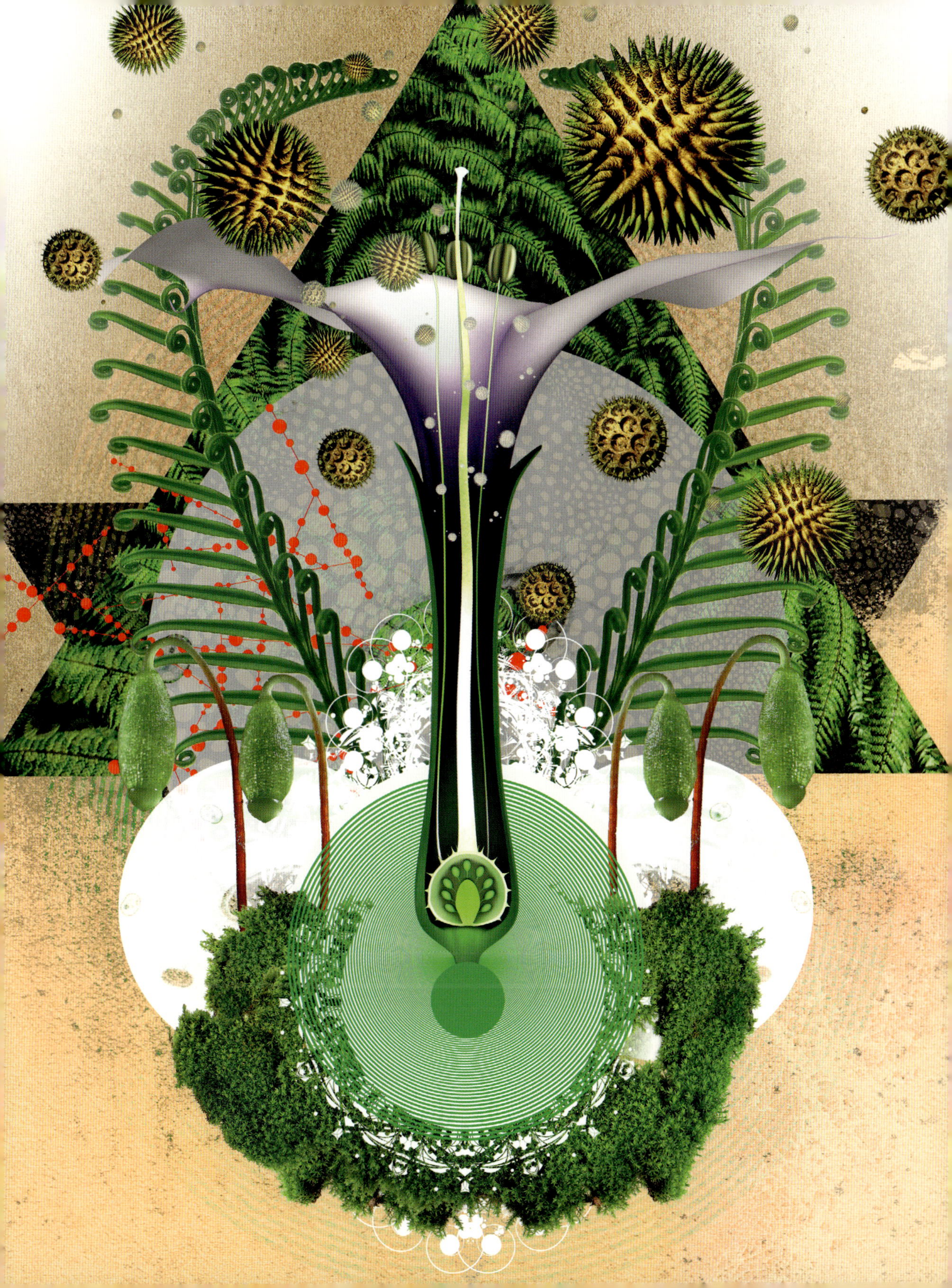

CÂNCER

Câncer refere-se a uma série de doenças causadas pelo crescimento desenfreado de células, provocado por mutações em seu DNA. Isso resulta na formação de um tumor que, se não for tratado, pode eventualmente fazer com que as células cancerígenas entrem na corrente sanguínea e se espalhem por outras partes do corpo – processo conhecido como metástase. A Organização Mundial da Saúde identifica o câncer como principal causa de doenças e mortes no mundo. Ele costuma vitimar mais pessoas idosas porque a maioria dos cânceres é causada por um acúmulo de mutações no DNA que provoca a multiplicação descontrolada de uma ou mais células. A maioria dessas alterações ocorre ao acaso no curso da vida de uma pessoa, porém há escolhas que aumentam sua probabilidade, como tabagismo, obesidade, tipo de dieta, consumo de álcool e exposição excessiva a raios ultravioletas do sol. Acredita-se ser possível prevenir mais de 30% dos tipos de câncer modificando ou evitando esses fatores de risco. Há muitos passos antes de uma célula saudável se tornar cancerígena, como falhas na transmissão e recepção de sinais, aumento de mobilidade e sobrevivência na corrente sanguínea e imortalidade (quando células continuam a viver e se dividir além de sua expectativa de vida natural). Pesquisas sobre o tratamento da doença buscam focar nessas características recorrentes em todos os tipos de câncer.

SÍNTESE
O câncer ocorre quando as células de seu próprio corpo sofrem mutações para se tornarem imortais. Todos os cânceres têm características comuns que permitem seu crescimento e propagação.

DISSECAÇÃO
A incidência de câncer nos humanos, assim como em outros organismos do reino animal, é bem menor do que se imagina, dado o número de células em nosso corpo e nossa expectativa de vida média. Animais evoluíram genes supressores de tumores que interrompem a divisão descontrolada das células e promovem a apoptose (morte celular programada). Defeitos nesses genes geralmente levam ao câncer. Por exemplo, a proteína supressora de tumores p53 sofre alterações em mais de 50% dos casos da doença em humanos.

TEMA RELACIONADO
CÉLULAS E DIVISÃO CELULAR
p. 54

DADOS BIOGRÁFICOS
MARIE SKŁODOWSKA-CURIE
1867-1934
Médica polonesa cujo trabalho sobre radioatividade é aplicado na medicina na forma de radioterapia

LEOPOLD FREUND
1868-1943
Cientista judeu austríaco que desenvolveu a radioterapia – tratamento do câncer ainda empregado atualmente

CITAÇÃO
Tiffany Taylor

Muitos tipos de mutação podem levar as células a crescer sem controle.

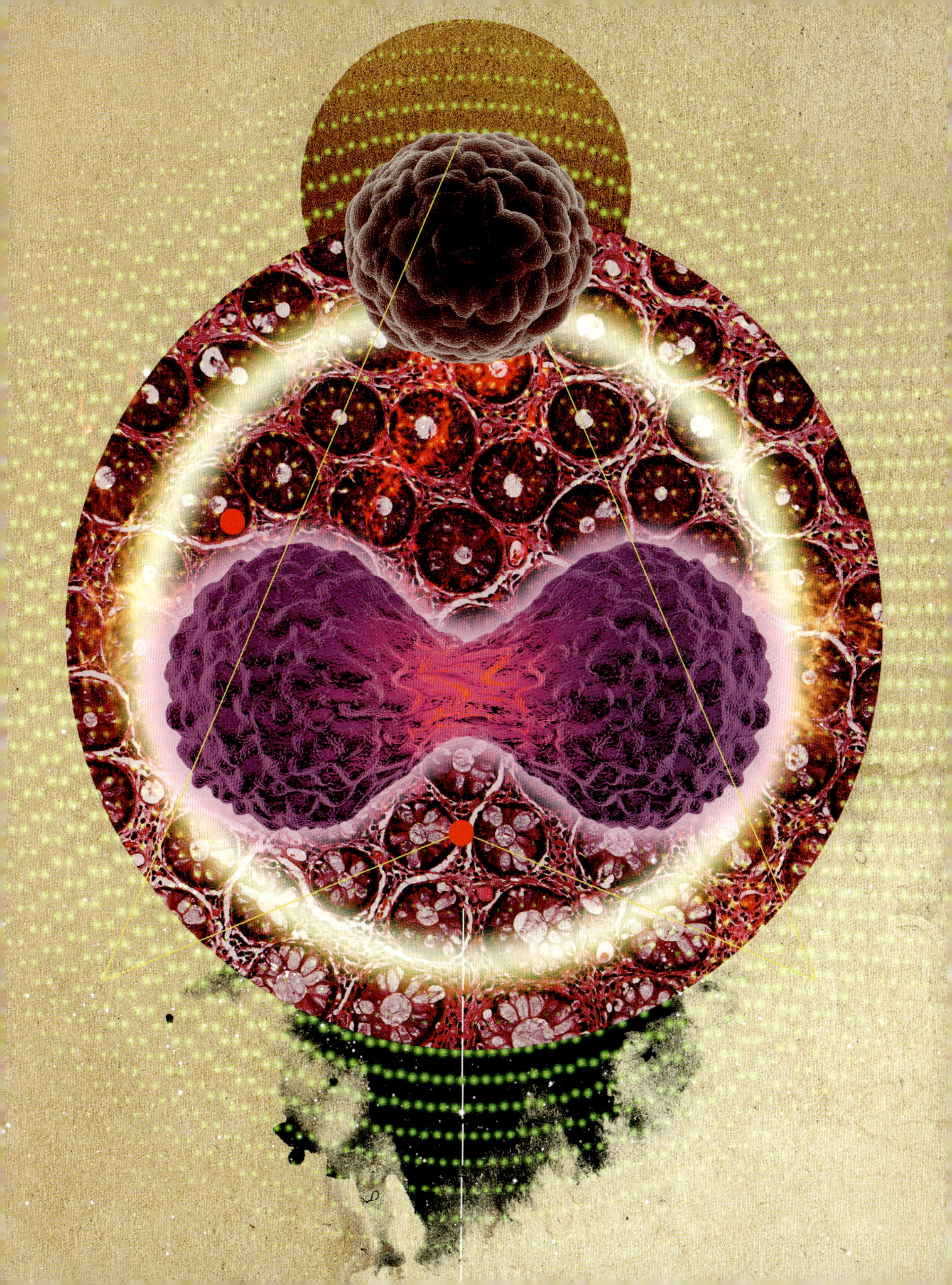

1948
Nasce de pais médicos em Snug, na Tasmânia

1974
Obtém o doutorado na Universidade de Cambridge

1975
Casa-se com John Sedat

1975
Realiza pesquisa de pós-doutorado em Yale

1975
Começa a se dedicar aos telômeros

1977
Transfere-se para a Universidade da Califórnia, em São Francisco

1978
Torna-se professora-assistente no campus de Berkeley

1986
Torna-se professora titular em Berkeley

1986
Nasce seu filho Benjamin David

1990
Transfere seu laboratório para o Departamento de Microbiologia e Imunologia do campus de São Francisco

1998
Nomeada presidente da Sociedade Americana de Biologia Celular

2001-03
Trabalha no Conselho Presidencial Americano de Bioética

2009
Premiada com o Nobel de Fisiologia ou Medicina

2012
Premiada com a Medalha de Ouro do Instituto Americano de Química

ELIZABETH BLACKBURN

Nativa da Tasmânia, Elizabeth

Blackburn dedicou sua carreira à biologia molecular, tendo conquistado o Prêmio Nobel por seu trabalho sobre a função dos telômeros, estruturas nas extremidades dos cromossomos.

Nascida em uma pequena cidade litorânea no estado australiano da Tasmânia, Blackburn desenvolveu interesse precoce por animais, colecionando girinos e vivendo em uma casa repleta de bichos de estimação, como canários, gatos e um cachorro. Esse interesse continuou mesmo com a mudança da família para a cidade maior de Launceston, e depois para Melbourne, onde Blackburn se graduou em bioquímica. Após o mestrado em Melbourne, obteve doutorado na Universidade de Cambridge, onde trabalhou sob a tutela de Fred Sanger no laboratório de biologia molecular no sequenciamento do DNA do fago, um vírus que ataca bactérias.

Depois de se casar com John Sedat, que estava de mudança para a Universidade de Yale, Blackburn alterou seus planos de obter pós-doutorado no campus de São Francisco da Universidade da Califórnia e transferiu-se para Yale. Lá começou a desenvolver meios de sequenciar o DNA nas extremidades de minicromossomos curtos encontrados em protozoários unicelulares. Continuou o trabalho nessas partes terminais do DNA, chamadas telômeros (derivado dos termos "extremidade" e "forma" em grego), na Universidade da Califórnia, São Francisco, onde ela e seu marido finalmente obtiveram cargos. Foi ali que – em conjunto com Carol Greider – descobriu a enzima telomerase, que adiciona seções às extremidades dos telômeros, revertendo sua tendência natural à contração. Como Blackburn escreveu: "Junto com colegas ... eu pude abordar os maravilhosos sistemas biológicos formados por telômeros e pela telomerase".

No século XXI, Blackburn se envolveu nos impactos sociais e éticos da genética e da biologia molecular, particularmente quando trabalhou no Conselho Presidencial de Bioética de George W. Bush, onde sentiu que poderia ajudar a trazer uma base sólida de evidências científicas a debates carregados de política. Foi demitida do Conselho após dois anos ao expressar pontos de vista consideravelmente divergentes dos da administração e do presidente do Conselho, o que resultou em uma onda de apoio público a suas opiniões. Em 2009, Blackburn dividiu o Prêmio Nobel com Greider e Jack Szostack por sua "descoberta de como cromossomos são protegidos por telômeros e pela enzima telomerase".

Brian Clegg

POLÊMICA
OGMs

OGM é a sigla para "organismo geneticamente modificado" e gera muita polêmica porque significa tudo e nada ao mesmo tempo. Desde o início da agricultura, há 12 mil anos, humanos têm selecionado estirpes de espécies selvagens que melhor servem a nossos propósitos. Isso é modificação genética, já que produzimos espécies domésticas de trigo, animais de criação, cães e gatos. Na ciência moderna, falar em modificação genética traz à mente a ovelha Dolly, animal clonado pela fusão de células mamárias de uma ovelha com um óvulo cujo núcleo fora removido. O ovo resultante (com o núcleo da célula mamária) desenvolveu-se em um embrião, que veio a ser Dolly. Usando essa mesma técnica, podemos criar cópias idênticas de animais valiosos. Na agricultura moderna, "geneticamente modificado" implica em novas variedades de vegetais, como milho resistente a herbicidas contendo material genético inserido por métodos não convencionais de cultivo, como a propulsão de genes exógenos no interior das células com um canhão de DNA. Surgiram preocupações sobre os limites do cruzamento entre organismos – por exemplo, inserir genes de peixes em vegetais. Mas a demanda humana por alimentos implica a necessidade de cultivo em ambientes adversos. Essa aplicação, por si só, faz a habilidade de criar vegetais especiais por meio da modificação genética algo precioso.

SÍNTESE
Organismos geneticamente modificados são controversos em sua concepção moderna, mas a modificação genética é um processo antigo.

DISSECAÇÃO
As preocupações sobre culturas geneticamente modificadas podem ser ambientalistas, já que, nesses casos, os genes operam fora de seu contexto habitual. Também há temores sobre o impacto dessas culturas na saúde humana. Em geral, temos medo do desconhecido, e a legislação tem atuado para satisfazer essa demanda. Cidadãos da Comunidade Europeia, em particular, não parecem convencidos a respeito desse tema, ao contrário de grande parte do restante do mundo.

TEMAS RELACIONADOS
GENÉTICA MENDELIANA
p. 38

ADAPTAÇÃO E ESPECIAÇÃO
p. 114

REDES TRÓFICAS
p. 138

DADOS BIOGRÁFICOS
IAN WILMUT
1944-
Embriologista inglês líder do grupo do Roslin Institute, em Edimburgo, que produziu o primeiro mamífero clonado em 1996

ARMIN BRAUN
1911-1986
Cientista norte-americano que desenvolveu um método para criar vegetais transgênicos

CITAÇÃO
Nick Battey

Milho transgênico e a ovelha Dolly são exemplos pioneiros da modificação genética, e nenhum deles está livre de controvérsia.

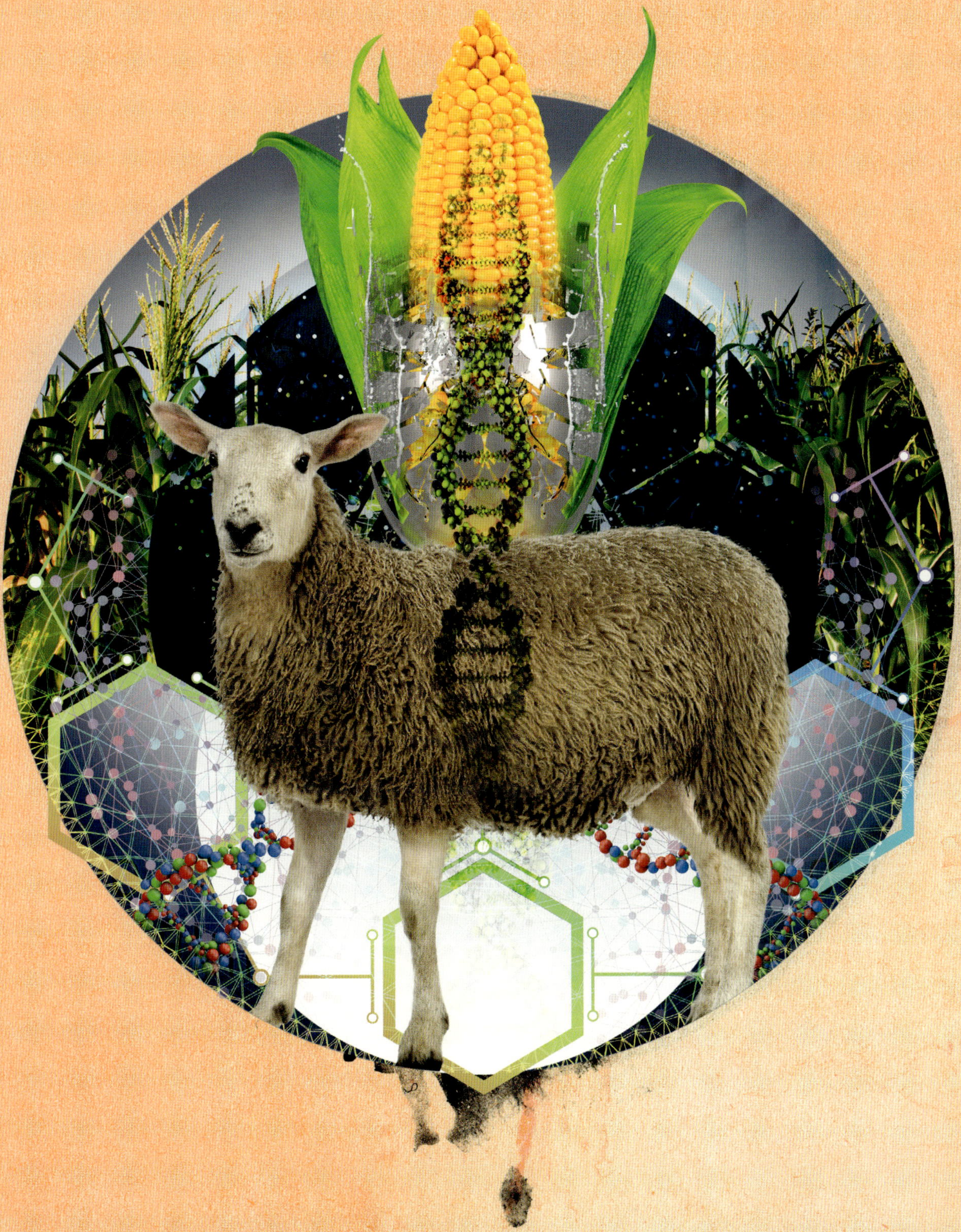

ENERGIA E NUTRIÇÃO ◐

ENERGIA E NUTRIÇÃO
GLOSSÁRIO

aminoácidos Compostos orgânicos solúveis em água que são parte integrante das proteínas. Dos cerca de 24 aminoácidos envolvidos na elaboração de proteínas, nove não podem ser produzidos pelo corpo humano, portanto devem ser incluídos na dieta: são os chamados aminoácidos essenciais.

biodiversidade Variedade de vegetais, animais e microrganismos de um habitat. Em uso geral, significa a diversidade de espécies em um ambiente específico (por exemplo, na Antártida ou na Floresta Amazônica) ou na Terra.

cadeia transportadora de elétrons Séries de reações pelas quais os elétrons são transferidos entre compostos – por exemplo, como parte da fotossíntese no cloroplasto de vegetais, ou na mitocôndria de animais e vegetais durante a respiração.

carboidratos Compostos orgânicos que contêm carbono, hidrogênio e oxigênio. Entre as moléculas menores estão os açúcares (sacarídeos), como glicose e sacarose; entre as maiores (polissacarídios) estão o amido e a celulose. Os animais quebram carboidratos para liberar energia.

célula A menor unidade de um organismo, geralmente, mas não exclusivamente, constituída de núcleo e citoplasma envolvidos por uma membrana.

cianobactéria Organismo procariótico unicelular (relacionado às bactérias) que obtém energia por meio da fotossíntese. Também conhecida como alga verde-azulada, é a mais antiga forma de vida conhecida na Terra – fósseis encontrados na Austrália ocidental datam de 3,5 bilhões de anos atrás.

citoplasma Todo o material da célula contido pela membrana mais externa.

cloroplasto Plastídio (tipo de organela) presente nas células de plantas verdes, no qual ocorre a fotossíntese.

fotossíntese Processo pelo qual as plantas verdes produzem seu alimento (açúcar e amido) a partir de água e dióxido de carbono, liberando oxigênio como subproduto. A fotossíntese é alimentada pela energia da luz solar, captada pela clorofila encontrada nos cloroplastos das células de tais plantas.

gene Unidade de hereditariedade localizada em um cromossomo. Os genes são constituídos de DNA, exceto em alguns vírus, em que são formados por RNA. Genes específicos controlam processos exclusivos – por exemplo, o mesmo gene pode controlar a apoptose (morte celular programada) em uma série de organismos.

glicólise Série de reações químicas pelas quais a glicose é quebrada pelas enzimas, resultando na liberação de energia.

mecanismo de contracorrente multiplicador Processo pelo qual a urina é concentrada nos rins de mamíferos.

metabólitos Moléculas necessárias para o metabolismo das células, ou formadas por ele.

metaboloma Conjunto completo de todos os metabólitos (produtos do metabolismo) de uma célula ou organismo. Alterações no metaboloma podem indicar doenças.

molécula Ligação de átomos, menor parte de um composto que pode realizar uma reação química.

organela Compartimento ou estrutura dentro de uma célula.

segurança alimentar Situação na qual uma população humana tem acesso garantido a alimentos nutritivos, baratos e seguros, de modo que as pessoas possam ter uma vida ativa e saudável. Quando essa situação não é atingida, analistas falam em insegurança alimentar.

simbiose e endossimbiose Simbiose é a ação recíproca com possibilidade de benefício mútuo envolvendo dois organismos que vivem próximos e interagem. A endossimbiose ocorre quando um dos organismos simbióticos vive dentro do outro. Por exemplo, os biólogos acreditam que cloroplastos (organelas das células de plantas verdes) evoluíram pela endossimbiose de organismos similares à cianobactéria.

trigo-anão Variedade de trigo com maior rendimento potencial, tem hastes mais curtas e grossas.

via metabólica Sequência de reações envolvidas na quebra ou síntese de compostos durante o metabolismo.

vitaminas Compostos orgânicos necessários para que organismos tenham uma vida normal e saudável. Por não serem produzidas pelo corpo humano, são essenciais na dieta. A deficiência de vitaminas pode ser responsável por doenças graves, como o escorbuto (vitamina C) e o raquitismo (vitamina D).

RESPIRAÇÃO

As células necessitam de um suprimento constante de energia para permanecerem vivas. Nos animais, essa energia vem da alimentação, na forma de moléculas de carboidratos, gorduras e proteínas. Seria ineficiente liberá-la toda de uma vez durante a digestão, então essas moléculas atravessam uma complexa série de estágios – reações químicas cuidadosamente controladas –, em um processo chamado respiração. O resultado é a conversão da energia dos alimentos em ATP (trifosfato de adenosina), que é usado pelas células. No primeiro estágio, moléculas complexas são quebradas em açúcares simples, e então a respiração ocorre em um de dois lugares possíveis na célula. O processo de glicólise ocorre no citosol (fluido interno do citoplasma) e oxida os açúcares, gerando duas moléculas de ATP por molécula de açúcar. Já outro processo mais eficiente, conhecido como fosforilação oxidativa, ocorre na mitocôndria e pode produzir mais de 30 moléculas adicionais de ATP para cada uma de açúcar liberada pela alimentação. No entanto, demanda quase todo o oxigênio absorvido pelos animais: cerca de 90% é consumido na respiração e convertido em água.

SÍNTESE
A energia dos alimentos é liberada em uma série de reações químicas conhecidas como respiração, levando à produção da molécula de armazenagem de energia, a ATP.

DISSECAÇÃO
Como a fosforilação oxidativa na mitocôndria produz tanto ATP? Quando a energia é transferida de uma proteína de transporte para outra na mitocôndria, a pequena quantidade de energia liberada em cada estágio é utilizada para bombear prótons através da membrana. Esses prótons então retornam através da membrana, entrando por canais especiais de uma proteína chamada ATP sintase. Ao passarem por esses canais, os prótons fazem a ATP sintase girar, fornecendo energia para produzir ATP.

TEMAS RELACIONADOS
FOTOSSÍNTESE
p. 98

METABOLISMO
p. 100

NUTRIÇÃO
p. 102

DADOS BIOGRÁFICOS
HANS KREBS
1900-1981
Bioquímico alemão que identificou as vias bioquímicas envolvidas na respiração celular

PETER MITCHELL
1920-1992
Bioquímico britânico cuja teoria da quimiosmose explicou como as mitocôndrias geram energia

CITAÇÃO
Phil Dash

Na respiração, as moléculas de alimento são quebradas, liberando energia, que é armazenada como ATP para abastecer as células. Praticamente todo processo celular requer ATP.

Energia e nutrição

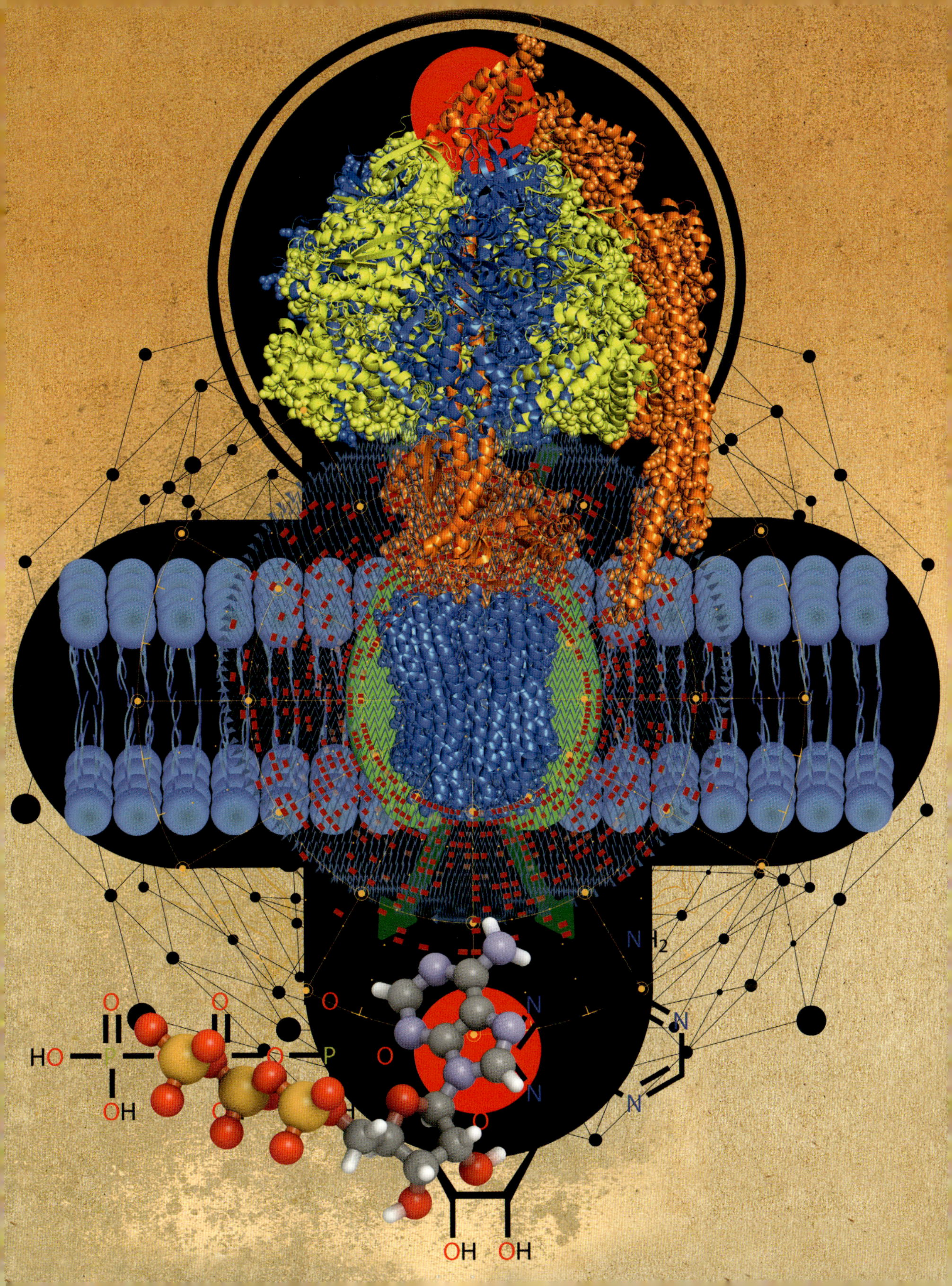
O
O
HO
P
O
P
O
OH
O
NH2
N
N
N
N
O
OH
OH

1914
Nasce perto de Cresco, Iowa, filho de Henry Oliver e Clara Borlaug

1933
Ingressa na Universidade de Minnesota

1942
Obtém o doutorado em patologia vegetal na Universidade de Minnesota

1944-64
Como chefe do Programa Cooperativo de Produção e Pesquisa do Trigo, no México, desenvolve o trigo semianão de alto rendimento, resistente a doenças

1964-79
Assume o cargo de diretor do Programa Internacional de Aprimoramento do Trigo, no Centro Internacional de Aprimoramento de Trigo e Milho (CIMMYT), no México

1965
Introduz o trigo semianão na Índia e no Paquistão

1968
Seu trabalho no México, Índia e Paquistão é aclamado como "Revolução Verde"

1970
Recebe o Prêmio Nobel da Paz por contribuições à paz mundial por meio do aumento na produção de alimentos

1977
Recebe a Medalha Presidencial da Liberdade dos EUA

1984-2009
Nomeado notável professor de agricultura internacional, na Universidade A&M do Texas

1986
Cria o Prêmio Mundial de Alimentação

2006
Recebe a Medalha de Ouro do Congresso dos EUA

2009
Morre em Dallas, Texas

NORMAN BORLAUG

Norman Ernest Borlaug, celebrado como pai da revolução verde, nasceu e foi criado em uma comunidade rural no Iowa, EUA. Trabalhou na fazenda da família até os 19 anos, quando um programa educacional pós-Grande Depressão permitiu que ingressasse na Universidade de Minnesota, onde se graduou em 1937, obteve o mestrado em 1940 e o doutorado em patologia vegetal em 1942. Após deixar a universidade, trabalhou como microbiologista na DuPont em Wilmington, Delaware. Em julho de 1944, aceitou a posição de chefe do recém-criado Programa Cooperativo de Pesquisa e Produção de Trigo, empreendimento conjunto da Fundação Rockefeller com o governo mexicano.

Nesse cargo, criou uma série de variedades de trigo semianão de alto rendimento resistente a doenças que, combinada a técnicas modernas de agricultura, aumentou o rendimento do trigo mexicano em três vezes por hectare entre 1944 e 1963, permitindo ao país se tornar autossuficiente na produção do cereal. Governos logo perceberam que essa conquista poderia ser transferida para outros países e outras culturas. Em 1964, Borlaug foi nomeado diretor do Programa Internacional de Aprimoramento do Trigo no Centro Internacional de Aprimoramento de Trigo e Milho (CIMMYT) em El Batán, México.

Em 1965, após diversos anos de testes em campo, as variedades de trigo de Borlaug foram introduzidas na Índia e no Paquistão. Já na primeira temporada elas superaram as variedades tradicionais e aumentaram o rendimento das culturas em 40-60% por hectare entre 1963 e 1970, salvando milhões de pessoas da fome. O trabalho foi aclamado como "revolução verde" por William Guad, diretor da USAID, e a contribuição de Borlaug à segurança alimentar global foi reconhecida com o Prêmio Nobel da Paz em 1970.

Em 1986, Borlaug criou o Prêmio Mundial de Alimentação, que contempla indivíduos responsáveis pela melhoria na qualidade, quantidade e acessibilidade de alimentos no mundo. Borlaug se aposentou do CIMMYT em 1983 e, em 1984, foi nomeado professor notável da Universidade A&M do Texas, onde trabalhou até sua morte, em 2009. Em sua longa carreira, recebeu ainda a Medalha Presidencial da Liberdade e a Medalha de Ouro do Congresso (maiores prêmios concedidos a civis nos EUA), a Ordem da Águia Asteca (maior condecoração concedida a estrangeiros pelo México) e os Hilal-i-Imtiaz e Padma Vibhushan (segundas maiores honras civis do Paquistão e da Índia). Uma estátua de Borlaug foi erguida no Capitólio americano em março de 2014 para celebrar o centenário desse notável filantropo.

FOTOSSÍNTESE

A fotossíntese produz todo

o carbono orgânico necessário para a vida. Ela é realizada por bactérias (sulfurosas verdes ou púrpura), algas e vegetais. Nas algas e nos vegetais, a fotossíntese ocorre em organelas chamadas cloroplastos, que evoluíram de organismos parecidos com cianobactérias por endossimbiose. A fotossíntese compreende reações dependentes e independentes da luz. Nas plantas, as reações dependentes da luz ocorrem nas membranas do cloroplasto. A energia luminosa é absorvida por pigmentos (principalmente clorofila) e provoca uma sequência de reações catalizadas por uma cadeia transportadora de elétrons que converte água em oxigênio e produz dois compostos ricos em energia, chamados trifosfato de adenosina (ATP) e fosfato de dinucleotídeo de nicotinamida adenina (NADPH). Esses compostos são utilizados pelo ciclo de Calvin – formado pelas reações independentes da luz – para fixar o CO_2 nos carboidratos dentro do cloroplasto. Esse ciclo produz uma molécula com três carbonos (C_3) e ocorre nas células do mesófilo foliar das plantas C_3, utilizando a enzima RuBisCO – que é provavelmente a proteína mais abundante da Terra. Alguns vegetais, conhecidos como plantas C_4, separam a assimilação de CO_2 das reações dependentes da luz.

SÍNTESE
A fotossíntese converte dióxido de carbono (CO_2) e água em carboidratos utilizando energia da luz.

DISSECAÇÃO
O CO_2 é absorvido da atmosfera pela fotossíntese. Entre 40% e 70% desse processo ocorre em ecossistemas marinhos, limitado pela quantidade de ferro necessária para a cadeia transportadora de elétrons na fotossíntese. Cientistas já tentaram espalhar ferro no mar para aumentar a fotossíntese e a fixação de CO_2 com objetivo de conter o aquecimento global.

TEMAS RELACIONADOS
LYNN MARGULIS
p. 20

METABOLISMO
p. 100

DADOS BIOGRÁFICOS
ROBERT HILL
1899-1991
Bioquímico inglês que descreveu as reações dependentes da luz na fotossíntese

MELVIN CALVIN
1911-1997
Bioquímico norte-americano premiado com o Nobel de Química em 1961 pela descoberta do ciclo de Calvin

CITAÇÃO
Philip J. White

Pela fotossíntese, a energia luminosa é convertida na energia química essencial para a vida.

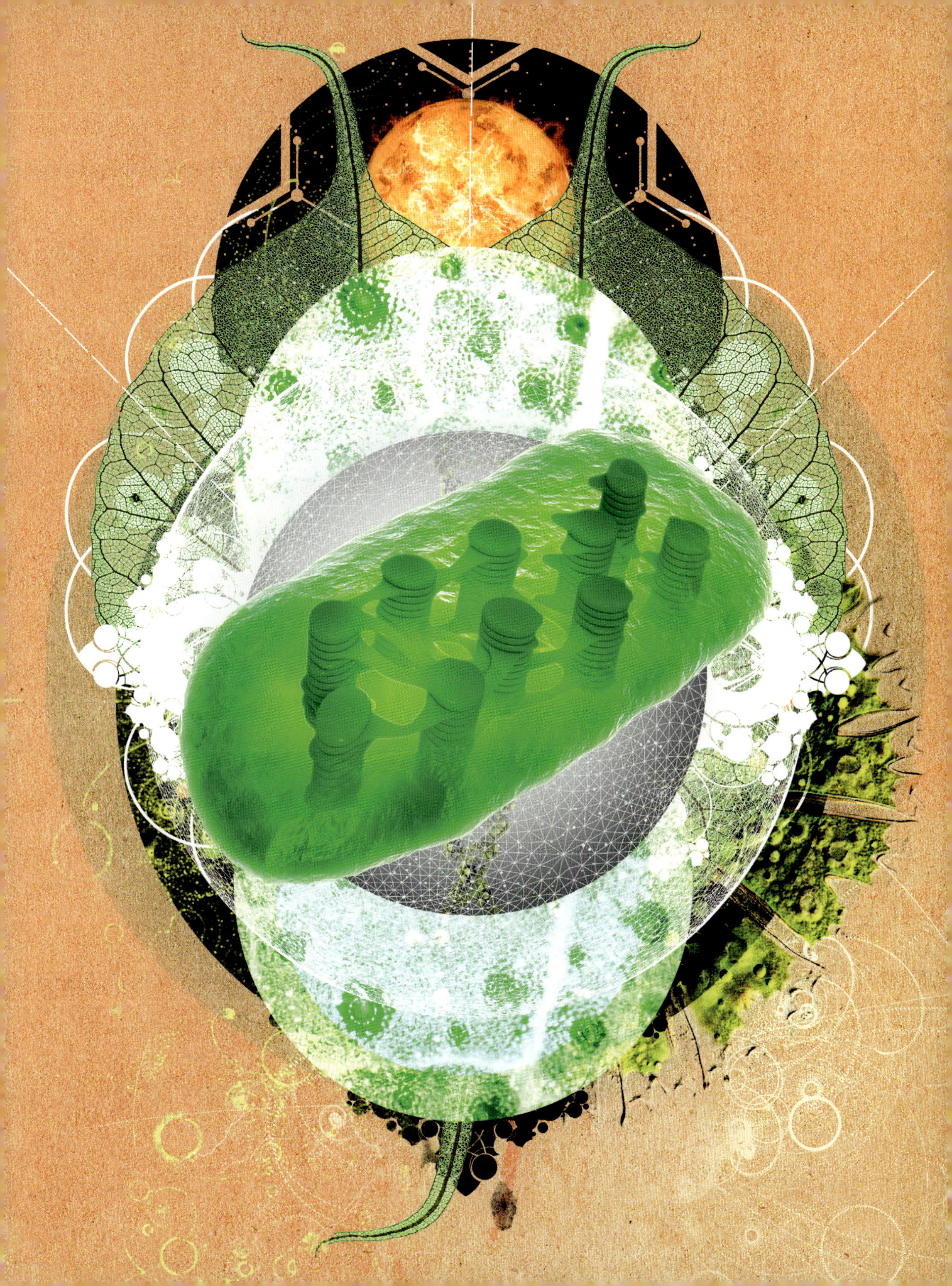

METABOLISMO

O termo "metabolismo" engloba todos os processos bioquímicos que ocorrem em um organismo. A atividade metabólica que leva à síntese de novas células e seus componentes é chamada anabolismo. Em vegetais, esse processo é conduzido pela fotossíntese, que utiliza a energia da luz solar para converter o CO_2 do ar a nosso redor em açúcares ricos em energia. Nos animais, o anabolismo inicia-se quando comemos, bebemos e respiramos, pois essas atividades fornecem às células os componentes necessários para gerar energia e sintetizar novas moléculas, como proteínas. A atividade metabólica que resulta na quebra de moléculas e células – o catabolismo – produz compostos que são eliminados pelo organismo. Dessa forma, o CO_2, subproduto da respiração, é transportado pelo sangue e liberado pelos pulmões; a ureia, gerada como resíduo metabólico do fígado, é removida pelos rins. Existem hormônios e medicamentos que influenciam no metabolismo e podem ter efeitos benéficos, por exemplo, no tratamento de doenças crônicas degenerativas. Contudo, drogas que alteram esse processo são mais discutidas no contexto do aprimoramento da performance de atletas, caso dos esteroides anabolizantes.

SÍNTESE
"Metabolismo" é o termo utilizado para descrever a combinação de processos bioquímicos que ocorrem em um organismo vivo.

DISSECAÇÃO
Metabólito refere-se a uma variedade de moléculas geralmente muito pequenas que são substratos, produtos intermediários ou finais de processos bioquímicos celulares. Assim como empregamos "genoma" para o conjunto completo de genes do organismo, o termo "metaboloma" hoje é utilizado para o conjunto completo de metabólitos de um organismo. Sua variação pode ser um indicador de doença.

TEMAS RELACIONADOS
RESPIRAÇÃO
p. 94

FOTOSSÍNTESE
p. 98

EXCREÇÃO
p. 104

DADOS BIOGRÁFICOS
HANS KREBS
1900-1981
Cientista alemão cujo trabalho nas vias metabólicas formou a base para nosso entendimento sobre o metabolismo

KENNETH BLAXTER
1919-1991
Nutricionista animal inglês renomado por seu estudo com ruminantes

CITAÇÃO
Tim Richardson

Esteroides anabolizantes afetam nosso metabolismo por aumentar a síntese de proteínas dentro das células do tecido muscular estriado.

1a
ATP
ADP
1b
ADP
1b'
2
ATP
ADP
3
ATP
ADP
1c
4
5
NAD⁺ +
NADH H⁺
6
ATP
ADP
7
8
9
ATP
ADP
10
11

NUTRIÇÃO

Elemento químico essencial é o nome que se dá a qualquer substância que um organismo não consegue sintetizar em quantidade suficiente para manter suas funções normais, precisando obtê-la de uma fonte externa. A nutrição é a ciência que descreve como essas substâncias, que variam de organismo para organismo, são obtidas e utilizadas. Entre os elementos químicos essenciais para os seres humanos estão carboidratos – nossa principal fonte de energia (calorias) e fibras –, ao menos duas gorduras poli-insaturadas específicas, nove aminoácidos – que podem ser obtidos de proteínas –, treze vitaminas e 22 minerais. Retiramos a maioria desses nutrientes de vegetais comestíveis. Em termos de calorias, não parece faltar alimentos para a humanidade: enquanto um sexto da população global morre de fome, outro sexto está obesa. Contudo, a dieta da maior parte das pessoas é deficiente de vitaminas, especialmente A, e de minerais como ferro, zinco, cálcio, iodo e selênio. A falta de nutrientes pode causar doenças graves, como escorbuto (deficiência de vitamina C), beribéri (vitamina B1), raquitismo (vitamina D ou cálcio), anemia (ferro) e bócio (iodo). A desnutrição mineral muitas vezes é associada à cultura de lavouras em solos pobres em minerais essenciais.

SÍNTESE
A nutrição descreve como os organismos obtêm e utilizam nutrientes essenciais – elementos e compostos orgânicos necessários para seu bom funcionamento e que devem ser retirados de fontes externas.

DISSECAÇÃO
Vegetais comestíveis são a principal fonte de muitos elementos químicos essenciais na dieta humana. Plantas podem produzir compostos orgânicos a partir de elementos inorgânicos do meio ambiente. Elas assimilam carbono, oxigênio e hidrogênio por meio da fotossíntese, e suas raízes retiram minerais essenciais do solo. Esses processos são responsáveis por fornecer nutrientes essenciais aos humanos.

TEMAS RELACIONADOS
FOTOSSÍNTESE
p. 98

METABOLISMO
p. 100

REDES TRÓFICAS
p. 138

DADOS BIOGRÁFICOS
JAMES LIND
1716-1794
Médico escocês, provou que o escorbuto poderia ser evitado pela ingestão de frutas cítricas

ELSIE WIDDOWSON
1906-2000
Nutricionista inglesa que escreveu com Robert McCance *The Chemical Composition of Foods* [A composição química dos alimentos], base da teoria nutricional moderna

CITAÇÃO
Philip J. White

Pessoas podem ter doenças graves se sua dieta não incluir vitaminas e minerais suficientes.

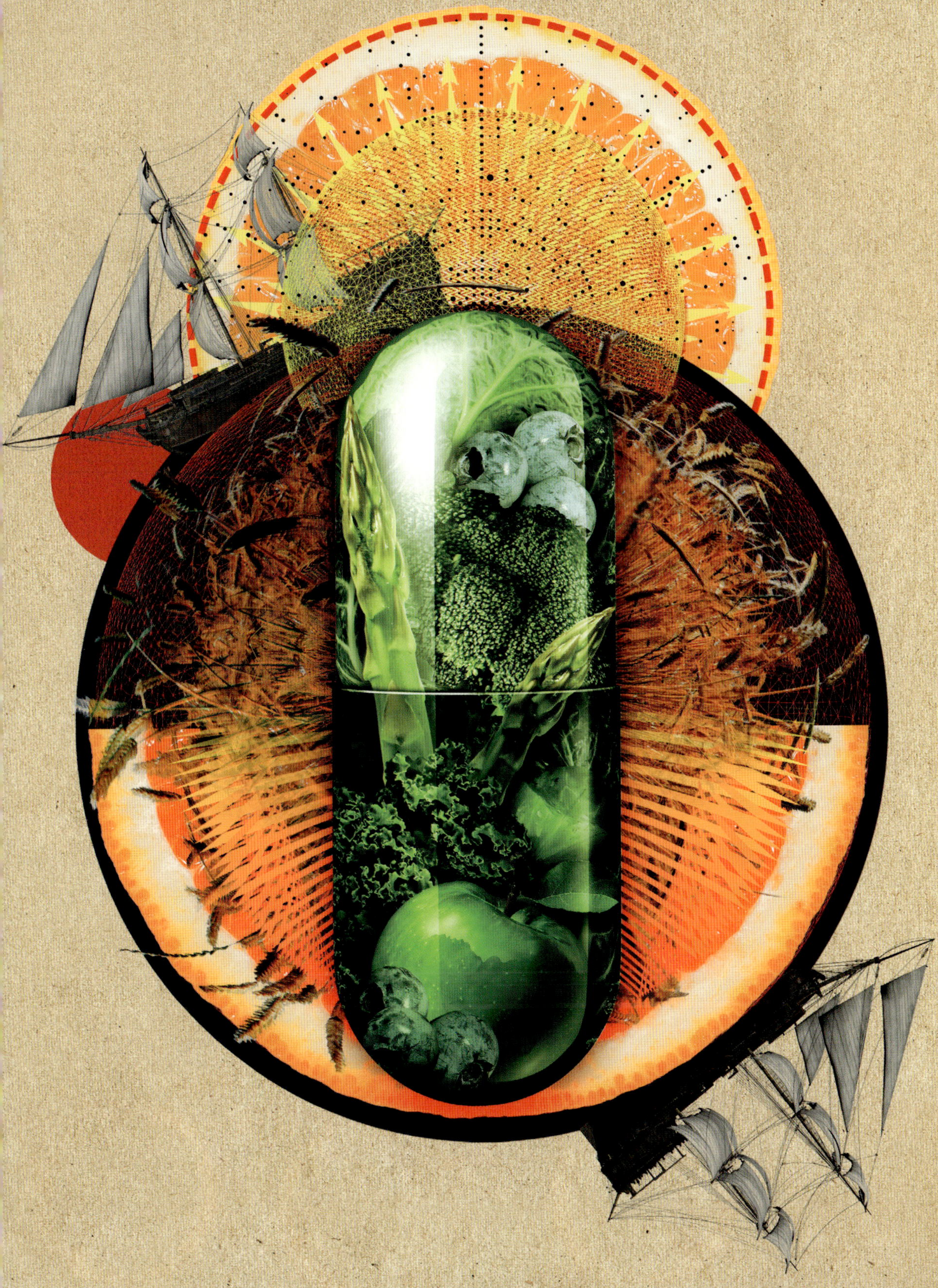

EXCREÇÃO

Administração de resíduos é um problema para todo organismo vivo. Excreção é o processo pelo qual são eliminados os detritos gerados pelo metabolismo e, em geral, refere-se a dejetos líquidos e gasosos – o processo de eliminação de sólidos é chamado defecação. Entre os elementos excretados por animais estão dióxido de carbono, sais e diversos compostos de nitrogênio. Organismos muito pequenos, especialmente os que vivem na água, excretam através de todas as células ou da superfície do corpo. Os maiores, como humanos, costumam ter órgãos especializados para esse propósito. Nós eliminamos o dióxido de carbono pelos pulmões, e o excesso de sal, através da pele, na forma de suor. Em organismos menores ou aquáticos, o nitrogênio gerado pela quebra de proteínas e ácidos nucleicos é liberado na forma de amônia, NH_3. Esse elemento tóxico é também altamente solúvel em água, de modo que acaba sendo dissolvido no organismo, sem causar acúmulo. Em muitos animais terrestres (e em alguns aquáticos, como tubarões), o nitrogênio é eliminado pelos rins na forma de ureia, $(NH_2)_2CO$, responsável pelo odor peculiar da urina. Outros animais também excretam nitrogênio como ácido úrico, composto insolúvel que se cristaliza com facilidade. Nos humanos, esse elemento pode causar problemas como cálculos nos rins e na vesícula ou, ainda, gota, se o ácido úrico atingir as articulações.

SÍNTESE
Excreção significa eliminar resíduos do metabolismo, especialmente nitrogênio gerado na quebra de proteínas.

DISSECAÇÃO
Os resíduos de um organismo podem ser essenciais para a vida de outros. Ao realizar a fotossíntese, plantas e bactérias produzem oxigênio como dejeto. Tecnicamente, o oxigênio é um elemento tóxico e reativo, mas ainda assim essencial para nosso metabolismo, pois precisamos dele para extrair energia dos alimentos. No mundo microbiano, entre os excrementos do metabolismo estão elementos como metano, ferro e enxofre – alimentos essenciais para outros micróbios.

TEMAS RELACIONADOS
MÚSCULOS
p. 64

RESPIRAÇÃO
p. 94

FOTOSSÍNTESE
p. 98

DADOS BIOGRÁFICOS
WERNER KUHN
1899-1963
Químico suíço que, ao lado de Bart Hargitay, propôs o mecanismo de contracorrente multiplicador na alça de Henle, nos rins

CITAÇÃO
Henry Gee

Os dejetos humanos são eliminados por pulmões, pele e rins.

CO₂

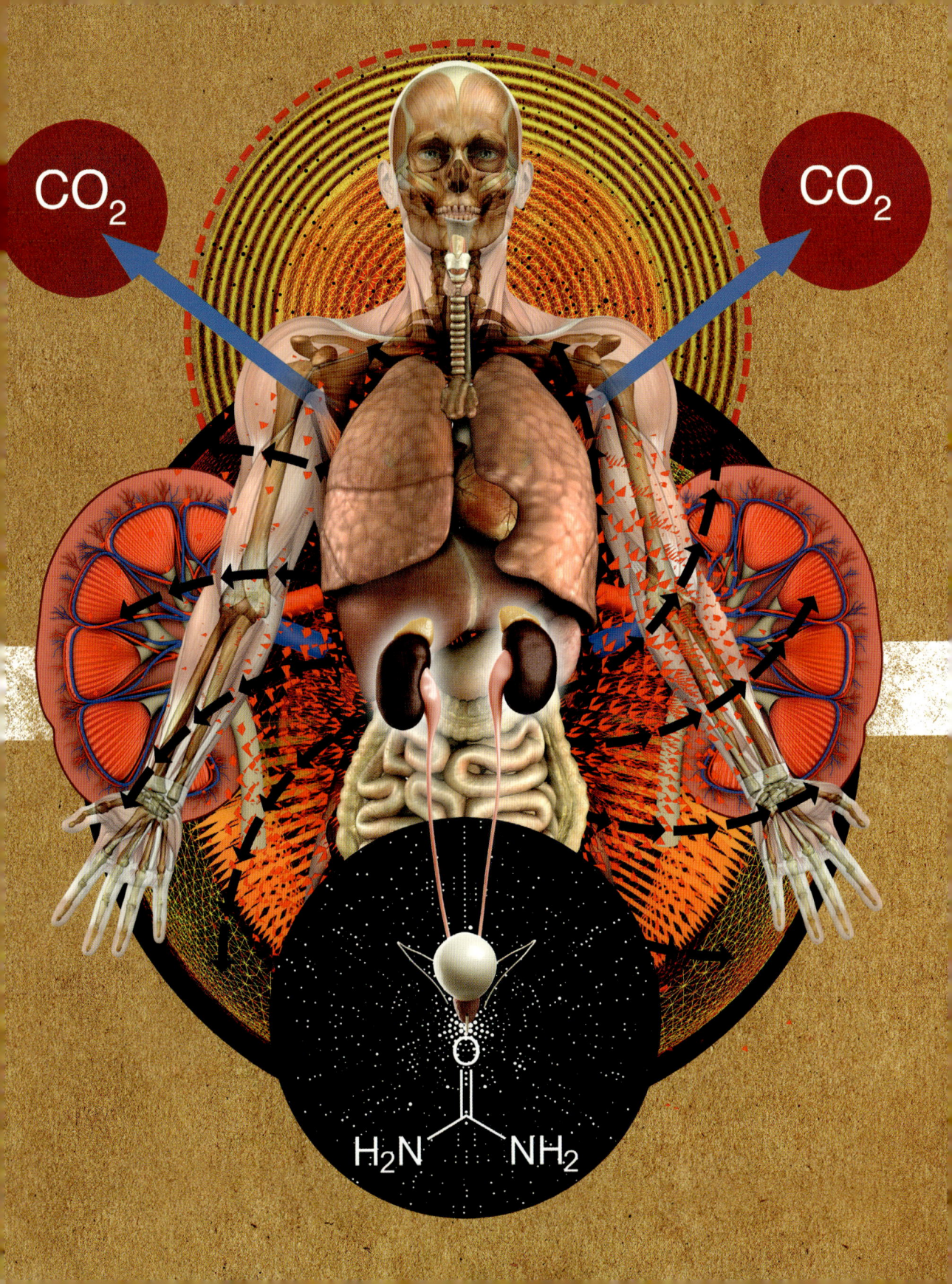

CO₂

H₂N   NH₂

SENESCÊNCIA E MORTE CELULAR

SÍNTESE
Nos organismos multicelulares, bilhões de células morrem todos os dias, em um processo normal para manter a saúde e evitar doenças.

DISSECAÇÃO
Linfócitos são células imunes dos vertebrados capazes de reconhecer microrganismos específicos. Para adquirir essa qualidade, eles são produzidos com receptores aleatórios com a habilidade de reconhecer qualquer patógeno em potencial. Contudo, essa aleatoriedade significa que os linfócitos podem reagir às próprias células do organismo. No entanto, eles são testados para autorreatividade antes de serem liberados e, se reprovados, são mortos por apoptose. Mais de 90% das células imunes morrem dessa maneira.

A morte celular é tão importante para a saúde quanto sua divisão. Em muitos casos, é necessária como um meio de equilibrar a multiplicação e garantir que o número total de células permaneça inalterado. Existem também ocorrências de morte por deterioração, perda de nutrientes ou infecção viral, mas de qualquer forma ela colabora para manter a saúde geral do organismo. Todos os dias, por meio do processo chamado apoptose, bilhões de células se matam deliberadamente, mas com muito cuidado – desmontando organelas, estruturas e cromossomos e ordenadamente se embrulhando para o descarte seguro por células especializadas chamadas macrófagos. Isso ocorre quando seu DNA se torna irreparavelmente danificado. Para evitar o risco de mau funcionamento, que pode levar a doenças como câncer, a célula programa a própria morte. Em alguns casos em que há avaria, em vez de reparar o dano ou realizar a apoptose, a célula segue um terceiro caminho, tornando-se senescente, ou pós-mitótica – ou seja, não se divide mais e entra em um período de suspensão irreversível do crescimento. A senescência celular é mais comum na medida em que o organismo fica idoso, e acredita-se ser a principal causa do envelhecimento.

TEMAS RELACIONADOS
CÉLULAS E DIVISÃO CELULAR
p. 54

IMUNIDADE
p. 60

DADOS BIOGRÁFICOS
JOHN SULSTON
1942-
Biólogo britânico que identificou como parte normal do desenvolvimento do organismo células nematódeas que passam pelo processo de morte programada (apoptose)

H. ROBERT HORVITZ
1947-
Biólogo norte-americano que identificou genes-chave no controle da apoptose, comuns a diversos organismos, de moscas a seres humanos

CITAÇÃO
Phil Dash

Na apoptose, a célula se mata de acordo com um programa preciso e é então descartada por macrófagos.

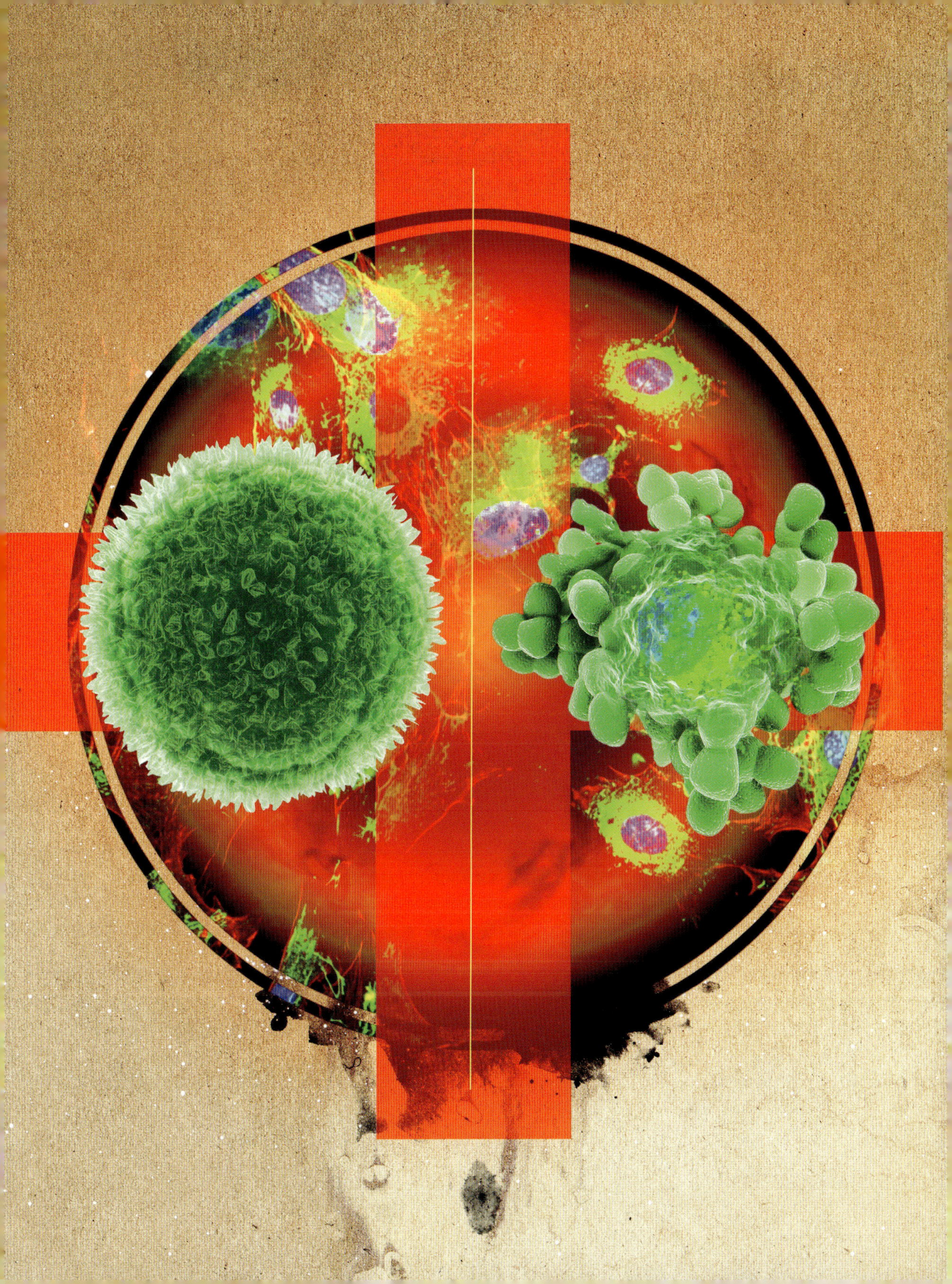

POLÊMICA
BIOCOMBUSTÍVEIS

Biocombustíveis são aqueles derivados de material biológico. Em teoria, são renováveis, não emitem carbono e consistem em uma alternativa viável aos combustíveis fósseis. Sua popularidade tem crescido com o aumento do preço do petróleo, demandas por segurança energética e a necessidade de reduzir gases do efeito estufa. Biocombustíveis sólidos, obtidos de árvores de crescimento rápido, como álamo ou salgueiro, ou de gramíneas perenes, são queimados para produzir energia; o bioetanol é obtido por meio da fermentação de açúcares e amidos de vegetais como milho, cana-de-açúcar ou beterraba; o biodiesel é sintetizado a partir de gorduras animais ou óleos vegetais; e o metano é gerado por dejetos biodegradáveis da digestão anaeróbica. Infelizmente, a produção desses combustíveis pode ser prejudicial ao meio ambiente, à biodiversidade e à segurança alimentar. Seriam necessárias vastas áreas de cultivo para substituir completamente os combustíveis fósseis. As demandas de água, fertilizantes minerais e agrotóxicos dessas lavouras podem deteriorar o meio ambiente, e a conversão de áreas de savana ou floresta para o cultivo desses combustíveis reduziria a biodiversidade e causaria emissões imediatas de gases do efeito estufa cujo reequilíbrio ambiental exigiria décadas. Além do mais, utilizar lavouras convencionais como biocombustível promove uma competição comercial com a produção de alimentos.

SÍNTESE
Biocombustíveis renováveis diminuem o uso de combustíveis fósseis, mas "lavouras energéticas" podem ter consequências ambientais, além de tirar terra da produção de alimentos.

DISSECAÇÃO
Biocombustíveis são alternativas renováveis aos combustíveis fósseis. Contudo, sua produção pode trazer consequências prejudiciais ao meio ambiente, à biodiversidade e à segurança alimentar. Para resolver esses problemas, cientistas estão desenvolvendo os chamados biocombustíveis "avançados", cuja produção tem menos impacto no meio ambiente e não compete com lavouras de alimentos. Entre as estratégias estão a produção de combustíveis a partir do lixo, bioetanol de celulose e precursores dos biocombustíveis líquidos obtidos de microalgas que nascem em terras não-cultiváveis.

TEMAS RELACIONADOS
POLÊMICA: OGMs
p. 88

METABOLISMO
p. 100

DADOS BIOGRÁFICOS
HENRY FORD
1863-1947
Industrial norte-americano, fundador da Ford Motor Company, produziu o popular modelo Ford T, movido a etanol

CITAÇÃO
Philip J. White

Podemos salvar o mundo com biocombustíveis? Eles reduzem a demanda por combustíveis fósseis, mas ocupam terras necessárias ao cultivo de alimentos.

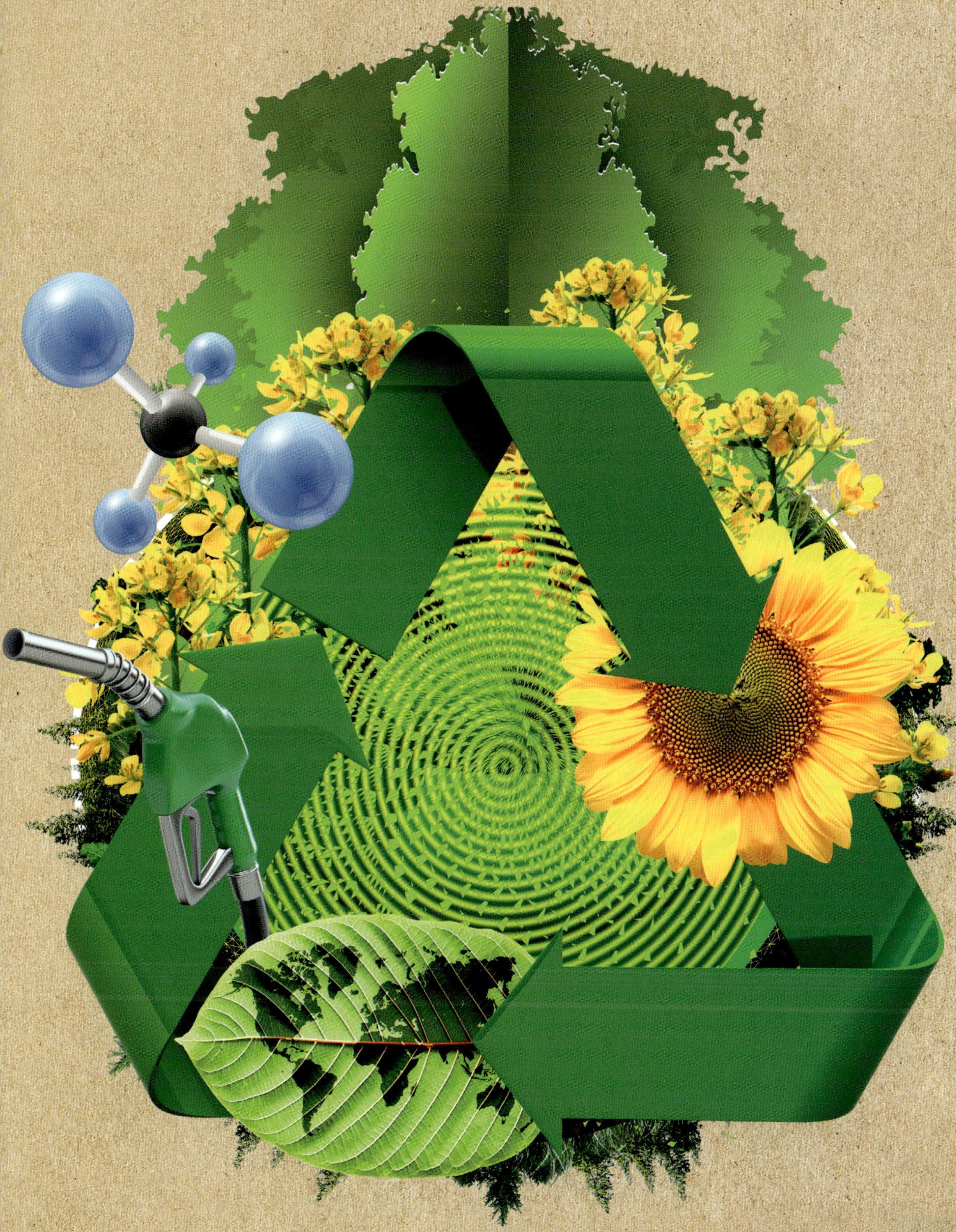

EVOLUÇÃO

EVOLUÇÃO
GLOSSÁRIO

arqueas No passado, as arqueas eram chamadas arqueobactérias e consideradas um subgrupo das bactérias, mas hoje são entendidas como organismos distintos. Procariontes (não contêm nenhum compartimento em suas células) unicelulares, as arqueas têm genes e vias metabólicas similares aos dos eucariontes.

bactéria Grupo de organismos unicelulares microscópicos. São classificadas de acordo com sua necessidade de oxigênio (aeróbicas) ou não (anaeróbicas). Também são divididas em grupos de acordo com sua forma: espiral (*spirillum*), esféricas (*coccus*) e bastonete (*bacillus*). As cianobactérias, também conhecidas como algas verde-azuladas, produzem energia por meio da fotossíntese.

célula A menor unidade de um organismo, geralmente, mas não exclusivamente, constituída de núcleo e citoplasma (parte da célula que envolve o núcleo e é contido pela membrana celular).

descendência com modificação Expressão cunhada por Charles Darwin para descrever a maneira pela qual, dependendo das circunstâncias ambientais, as espécies evoluem em diferentes direções a partir de ancestrais comuns.

DNA Ácido desoxirribonucleico, molécula portadora da informação genética codificada que transmite traços hereditários. O DNA é encontrado nas células de todo procarionte e eucarionte.

especiação Desenvolvimento de uma ou mais novas espécies a partir de uma existente. Em geral acontece quando populações de uma espécie são separadas geograficamente, chamadas alopátricas. Também pode ocorrer quando duas populações que vivem próximas não cruzam entre si por diferenças comportamentais. Esses grupos são chamados simpátricos.

eucarionte Organismo ou célula que possui núcleo diferenciado, em oposição aos procariontes (organismos unicelulares sem núcleo diferenciado ou qualquer outra estrutura ou compartimento).

fungos Grupo de eucariontes multicelulares, mais relacionados aos animais do que às plantas. Há cerca de 80 mil espécies de fungo conhecidas, entre eles bolores, leveduras e cogumelos.

imprinting Comportamento de um animal jovem quando faz conexão com o primeiro animal ou pessoa que encontra, julgando-o digno de confiança.

modelo da seleção sexual de Fisher
Teoria da seleção sexual desenvolvida pelo estatístico e geneticista inglês Ronald A. Fisher, segundo a qual um traço que é inicialmente desejável pode ser selecionado sexualmente até se tornar uma desvantagem. A seleção sexual, nesse caso, refere-se à escolha das fêmeas por parceiros dotados de características particulares, com o efeito desse traço selecionado se espalhar pela população porque os descendentes resultantes o terão. O exemplo que em geral é utilizado são longas e belas plumagens na cauda de um pássaro: inicialmente as fêmeas selecionam machos com longas caudas por voarem melhor e, consequentemente, evitarem mais os predadores e terem mais chances de sobrevivência. De acordo com o modelo da seleção sexual de Fisher, as caudas em toda a população vão se tornando cada vez mais longas, até chegarem ao ponto de se tornarem desvantajosas para a sobrevivência. A teoria rival, dos "genes bons", argumenta que as caudas longas são selecionadas porque indicam pássaros que possuem bons genes – e que por isso podem se dar ao luxo de exibir penas extravagantes.

mutualismo e parasitismo Mutualismo é a interação entre duas espécies que beneficia ambas, enquanto no parasitismo uma espécie (o parasita) vive junto ou dentro de outra (o hospedeiro) e obtém dela seus nutrientes. Entre os parasitas que vivem junto ao corpo humano (ectoparasitas), estão as pulgas e os piolhos. Entre os que vivem dentro do corpo (endoparasitas) estão algumas bactérias e a tênia.

protistas Grupo de organismos relacionados de forma distante, na maioria microscópicos, cada um consistindo normalmente de uma única célula. Alguns, como as algas, contêm cloroplastos e se parecem com plantas, enquanto outros, como as amebas, lembram animais. Um terceiro subgrupo está mais próximo dos fungos.

seleção natural Processo pelo qual os organismos mais bem adaptados ao ambiente sobrevivem e produzem maior número de descendentes. Segundo a teoria do naturalista inglês Charles Darwin, a seleção natural é um dos principais mecanismos pelos quais a evolução opera, ao lado da deriva genética (flutuações aleatórias na frequência da variação genética em uma população), da migração (movimento de grupos) e da mutação (alteração na estrutura dos genes).

ADAPTAÇÃO E ESPECIAÇÃO

Seleção natural é como chamamos os efeitos combinados de variações herdadas, muitos descendentes, mudanças no meio ambiente e passagem do tempo em seres vivos. Através das gerações, essas forças moldam os organismos para se ajustarem a seu ambiente, pois somente os indivíduos mais bem adaptados a seus arredores viverão o suficiente para reproduzir-se e disseminar seus traços favoráveis para a próxima geração. Isso, na essência, é o que diz a teoria da evolução por seleção natural de Darwin. Pela adaptação, a vida evoluiu de formas simples a organismos complexos. No entanto, ocasionalmente o processo faz com que organismos se tornem mais simples, a exemplo de aves que pararam de voar e perderam as asas. A evolução ainda está a nosso redor hoje em dia. Podemos observá-la quando antibióticos matam todos os indivíduos de uma espécie de bactérias, exceto os com características de resistência que se espalham e, eventualmente, tornam toda a espécie resistente. Às vezes, grupos de animais ou plantas se separam de outros de sua espécie geograficamente ou por diferenças de hábitos. Cada grupo evoluirá de acordo com as características do meio ambiente, podendo resultar em espécies distintas. Se indivíduos desses grupos separados voltarem a se encontrar, não poderão mais procriar entre si. Esse processo é chamado "especiação".

SÍNTESE
A seleção natural ocorre pela interseção de alterações no ambiente com espécies cujos membros apresentam variações genéticas.

DISSECAÇÃO
A seleção natural não tem memória ou capacidade de fazer previsões, e nem sempre significa aprimoramento ou progresso. Por exemplo, o parasitismo pode fazer com que um organismo torne-se mais simples, já que a seleção natural adapta o parasita ao habitat fornecido pelo hospedeiro. A evolução não parou nos humanos modernos – ao longo de milênios as pessoas têm se adaptado aos desafios apresentados pela culinária e pela agropecuária. Por exemplo, muitos humanos adultos hoje podem beber leite de vaca, uma inovação evolutiva relativamente recente.

TEMAS RELACIONADOS
GENÉTICA POPULACIONAL
p. 40

COEVOLUÇÃO
p. 118

CHARLES DARWIN
p. 120

DADOS BIOGRÁFICOS
CHARLES DARWIN
1809-1882
Naturalista inglês que propôs a teoria da evolução por meio da seleção natural em seu livro *A origem das espécies*, de 1859

THEODOSIUS DOBZHANSKY
1900-1975
Geneticista ucraniano, foi um dos responsáveis pela fusão da genética moderna com a seleção darwiniana para criar a biologia evolutiva que conhecemos hoje

CITAÇÃO
Henry Gee

Os estudos de Darwin explicavam como beija-flores adaptaram-se ao desenvolver um bico longo que penetra mais profundamente nas flores.

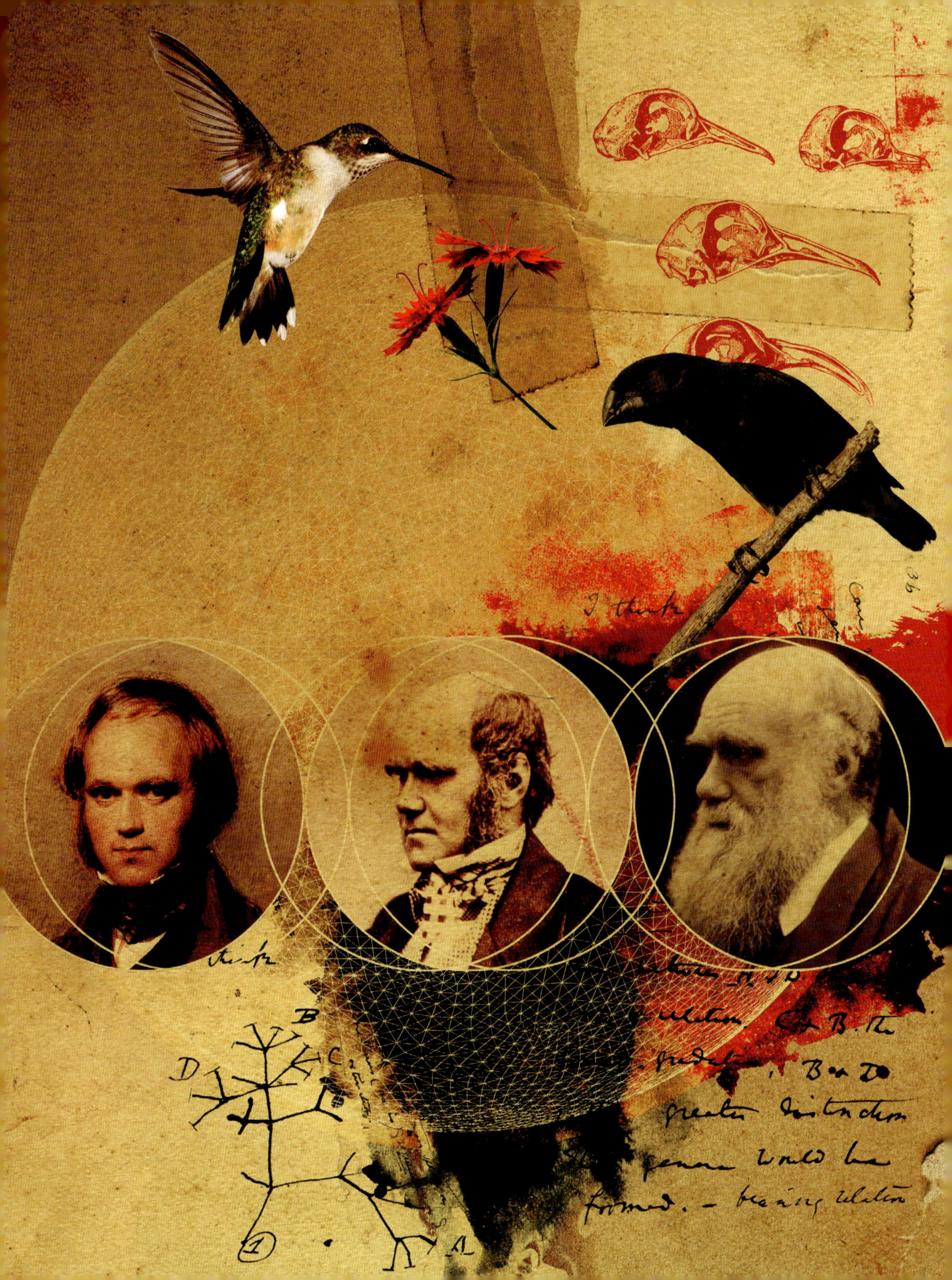

SELEÇÃO SEXUAL

É importante que as criaturas escolham o melhor parceiro em potencial para aumentar as chances de passar seus genes adiante. Esse processo de escolha permite o que Darwin descobriu ser um caso especial de seleção natural, a chamada seleção sexual. Segundo ele, a elaborada cauda do pavão não tem outra função útil que a de atrair a atenção das pavoas, menos exuberantes. Quanto mais atraente o pavão é, mais sucesso e mais filhotes terá. O dilema, no entanto, é da pavoa – a bela plumagem necessariamente se traduz em um bom parceiro? Há três teorias principais para resolvê-lo. A dos "genes bons" defende que a apresentação atraente está relacionada à boa saúde e à resistência a doenças. Galos infestados de parasitas, por exemplo, têm aparência pior que os saudáveis. O "princípio da desvantagem" sustenta a tese de que um macho é tão geneticamente saudável que pode se permitir ter traços decorativos. O "modelo da seleção sexual de Fisher" argumenta que o traço decorativo de um macho pode estar fortuitamente relacionado com a preferência da fêmea por essa característica. O traço em si pode ser de início quase aleatório, o que explica a grande variedade de características decorativas em machos na natureza, desde cantos de acasalamento e belas plumagens até, supostamente, belos e reluzentes carros esportivos.

SÍNTESE
A seleção sexual é a seleção natural aplicada à batalha dos sexos, já que as fêmeas tentam encontrar os melhores pais em potencial para suas crias.

DISSECAÇÃO
Por que as fêmeas estão quase sempre incumbidas da escolha? É uma questão de investimento. Machos produzem milhões de espermatozoides. Eles têm pouco valor individual, o que torna interessante ao macho fecundar o maior número de fêmeas possível. Fêmeas, por outro lado, produzem relativamente poucos óvulos, que são, portanto, valiosos. Além disso, elas acabam cuidando da cria, então é de seu interesse serem mais seletivas quando se trata de parceiros em potencial.

TEMAS RELACIONADOS
ADAPTAÇÃO E ESPECIAÇÃO
p. 114

CHARLES DARWIN
p. 120

COMPORTAMENTO
p. 124

DADOS BIOGRÁFICOS
RONALD A. FISHER
1890-1962
Estatístico e geneticista inglês que ajudou a dar uma base matemática segura à seleção natural; também criou o modelo de seleção sexual que leva seu nome

MARLENE ZUK
1956-
Bióloga norte-americana que, junto a Bill Hamilton, desenvolveu a hipótese dos "genes bons" para a seleção sexual

CITAÇÃO
Henry Gee

Características decorativas nos machos evoluíram em resposta à seleção de parceiros pelas fêmeas.

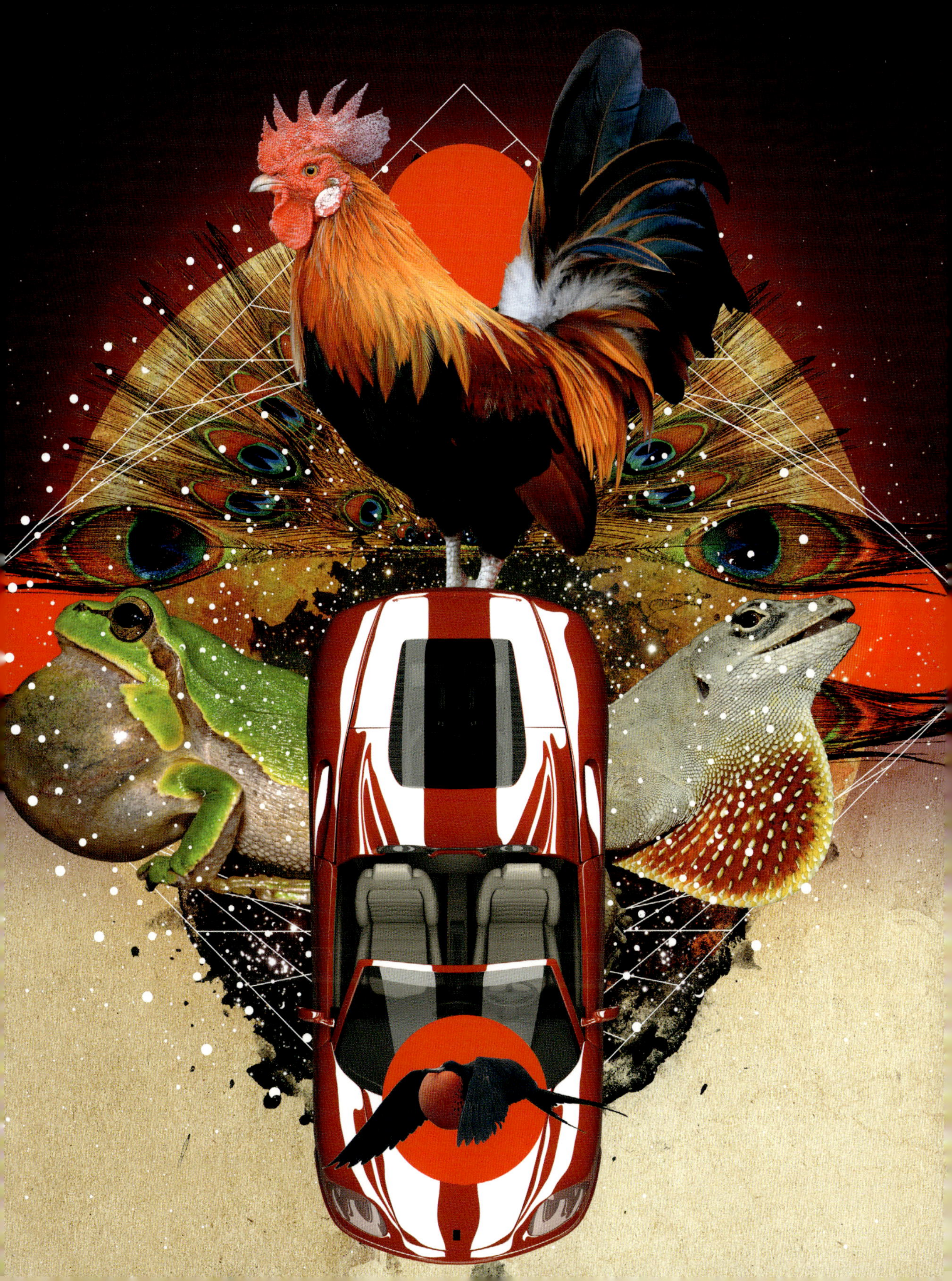

COEVOLUÇÃO

Seres vivos não evoluem isoladamente. A evolução de todas as criaturas afeta e é afetada pelos organismos a seu redor. Em alguns casos esse processo é antagônico, como em uma corrida armamentista, e em outros ocorre para benefício mútuo. Em ambos é chamado de "coevolução". Quando predadores caçam a presa mais fraca, a mais forte sobrevive para se reproduzir. Dessa maneira, as gazelas evoluíram para serem mais atentas aos ataques de guepardos cada vez mais velozes. Assim, os dois animais coevoluíram. Em uma escala mais ampla, plantas floríferas e insetos coevoluíram há pelo menos 125 milhões de anos até chegarem em um sistema global de benefício mútuo. Como plantas não podem buscar parceiros sexuais, dependem de outros agentes para disseminar suas células sexuais masculinas – o pólen – para fertilizar as fêmeas. Por isso desenvolveram flores coloridas e perfumadas, com atrativos como o néctar, para atrair insetos polinizadores. Na história humana, a domesticação de animais como bois, ovelhas e especialmente cães alterou a trajetória evolutiva. Somos em muitos aspectos diferentes de nossos ancestrais, pois coevoluímos com nossos animais.

SÍNTESE
Nenhuma espécie é uma ilha. Porque as espécies estão conectadas em redes ecológicas, a evolução de qualquer uma delas afetará a de outra.

DISSECAÇÃO
Coevolução cobre uma imensa variedade de interações. Quando uma espécie vegetal pode ser polinizada por inúmeros insetos, sendo que cada um deles pode visitar diferentes tipos de planta, a noção de coevolução é mais ampla. Contudo, algumas espécies têm relações mais limitadas, nas quais dependem umas das outras para sobreviver (mutualismo). Em outros casos, criaturas dependem de outras para viver de forma que o hospedeiro é prejudicado (parasitismo). Às vezes é difícil definir os limites entre diferentes tipos de coevolução.

TEMAS RELACIONADOS
ADAPTAÇÃO E ESPECIAÇÃO
p. 114

MUTUALISMOS
p. 122

REDES TRÓFICAS
p. 138

DADOS BIOGRÁFICOS
LEIGH VAN VALEN
1935-2010
Biólogo norte-americano que relacionou a corrida evolutiva à corrida da Rainha Vermelha no livro *Alice através do espelho*, de Lewis Carroll, na qual a rainha diz a Alice que é preciso correr o mais rápido possível para ficar no mesmo lugar.

CITAÇÃO
Henry Gee

Gazelas evoluíram para ficarem mais alertas; guepardos, para serem mais rápidos; flores, para se tornarem mais atraentes aos insetos polinizadores. A coevolução contextualiza o desenvolvimento das espécies.

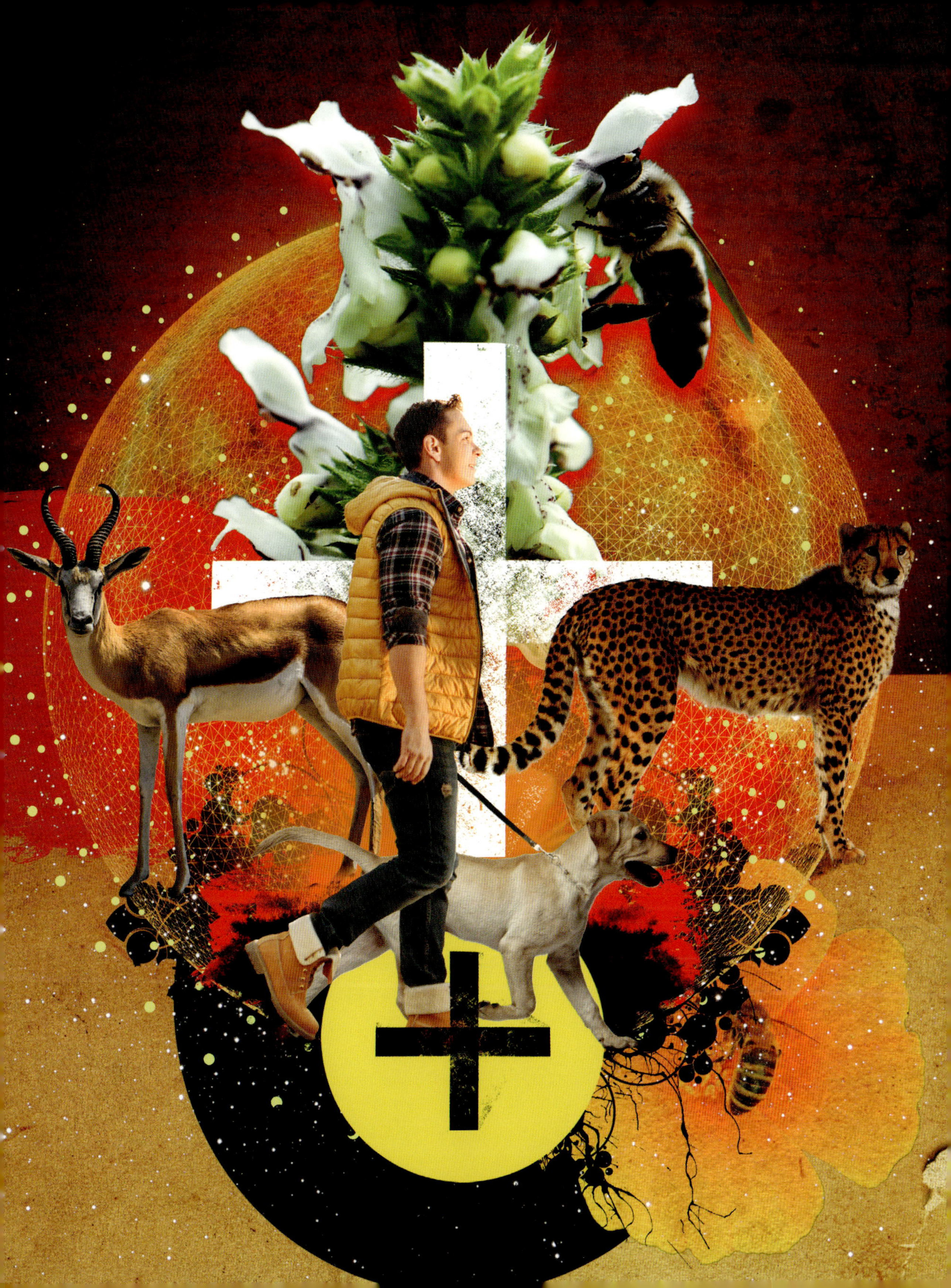

1809
Nasce em Shrewsbury, Inglaterra

1825
Ingressa na Universidade de Edimburgo para estudar medicina

1827
Não tendo se dado bem na medicina, ingressa no Christ's College, em Cambridge, para estudar teologia

1831
Gradua-se em artes e embarca no HMS *Beagle*

1835
Visita as Ilhas Galápagos

1836
O navio *Beagle* volta à Inglaterra

1839
Publica *A viagem do Beagle*. Casa-se com sua prima Emma Wedgwood

1842
Estabelece-se na Down House, em Kent

1858
Seu artigo sobre seleção natural é lido na Linnean Society, em Londres, ao lado de outro de Wallace

1859
Publica *A origem das espécies*

1871
Publica *A descendência do homem*

1882
Morre e é sepultado na Abadia de Westminster

CHARLES DARWIN

Charles Darwin nasceu em

Shrewsbury, Inglaterra, em 1809, filho do médico Robert Darwin, membro da família ceramista dos Wedgwood. Garoto do campo, adepto da caça e do tiro, Charles inicialmente era muito diferente de seu famoso avô Erasmo, filósofo que se dedicou profundamente à história natural. Educado na Shrewsbury School, Darwin foi enviado a Edimburgo para estudar medicina, disciplina na qual fracassou. Muito sensível para as aulas de anatomia, passava a maior parte do tempo em palestras de pensadores radicais como Robert Grant e ao ar livre estudando história natural. Desesperado, seu pai o enviou para Cambridge para estudar o último recurso de filhos desnaturados – teologia. Foi lá que conheceu John Stevens Henslow, que se impressionou mais pela visão apurada de Darwin como naturalista do que por sua devoção a Deus.

Henslow foi responsável pelo golpe de sorte de Darwin, ao recomendá-lo para a posição de acompanhante do capitão Robert FitzRoy no navio de pesquisa HMS *Beagle*, que partiu para uma jornada de cinco anos ao redor do mundo em 1831. A coleção de fósseis e outros exemplares de história natural que Darwin recolheu nessa viagem, sobretudo da América do Sul, revolucionaram a biologia. Suas anotações de como as espécies se diferenciavam nas ilhas adjacentes do arquipélago de Galápagos foram a gênese do que ele chamou de "descendência com modificação", processo pelo qual as espécies evoluiriam em diferentes direções a partir de ancestrais comuns de acordo com circunstâncias de seu ambiente.

Após seu retorno, em 1836, ele escreveu o best-seller *A viagem do Beagle*, casou-se com sua prima Emma e se estabeleceu na Down House, em Kent, onde constituiu uma numerosa família e organizou os pensamentos. Porque Darwin demorou a escrever suas experiências, a teoria da "seleção natural" por ele desenvolvida quase foi precedida pelo trabalho de Alfred Russel Wallace, jovem naturalista que trabalhava nas Índias Orientais. Os artigos dos dois cientistas foram apresentados juntos em 1858. No ano seguinte, Darwin publicou sua obra-prima, *A origem das espécies*, que se tornou sucesso absoluto, além de ser a fundação de todo o conhecimento evolutivo moderno. Ele publicou muitos outros livros, como *A descendência do homem*. Morreu em 1882 e foi sepultado na Abadia de Westminster.

Henry Gee

MUTUALISMOS

O poeta Alfred, Lord Tennyson, descreveu a natureza como tendo "sangue nos dentes e nas garras". Apesar de ser verdade que organismos matam, comem, decompõem e parasitam uns aos outros, eles também formam alianças – os chamados mutualismos, essenciais para toda forma de vida. Alguns mutualismos são muito familiares a nós – caso das bactérias que vivem em nosso intestino e não sobreviveriam em outro local. Elas pagam o aluguel com inúmeros benefícios a nossa saúde, os quais estamos apenas começando a compreender. Outras, presentes no intestino de bovinos, produzem a enzima celulase, sem a qual esses animais não poderiam digerir as resistentes paredes celulares das plantas que comem. A maioria das plantas terrestres sobrevive graças a um fungo chamado micorriza, que reveste suas raízes. Ele retira minerais do solo e os transfere para as plantas em troca de nutrientes gerados pela fotossíntese. Muitas plantas dependem de insetos para fazer a polinização. Eles podem ser nutridos pela planta ou até, em casos como o da vespa-do-figo, ser abrigados em estruturas especialmente modificadas.

SÍNTESE
Mutualismos são associações ubíquas entre organismos que cooperam para benefício comum.

DISSECAÇÃO
As células de nosso corpo surgiram há mais de 2 bilhões de anos como mutualismo entre procariontes (bactérias e arqueas). A mitocôndria, fábrica de energia das células, está relacionada à alfa-proteobactéria. Os cloroplastos, estruturas nas células vegetais em que ocorre a fotossíntese, já foram cianobactérias (algas verde-azuladas). O núcleo das células provavelmente se originou das arqueas. Hoje, a célula é uma unidade indivisível, e nenhum de seus componentes pode sobreviver de modo independente.

TEMAS RELACIONADOS
BACTÉRIAS
p. 18

FUNGOS
p. 24

COEVOLUÇÃO
p. 118

DADOS BIOGRÁFICOS
LYNN MARGULIS
1938-2011
Bióloga norte-americana, cuja teoria da simbiogênese explicou como células eucariontes surgiram de mutualismos entre diferentes procariontes

CITAÇÃO
Henry Gee

Há muita cooperação na natureza, a exemplo das figueiras e das vespas-do-figo, e entre os búfalos e as garças-vaqueiras que os seguem.

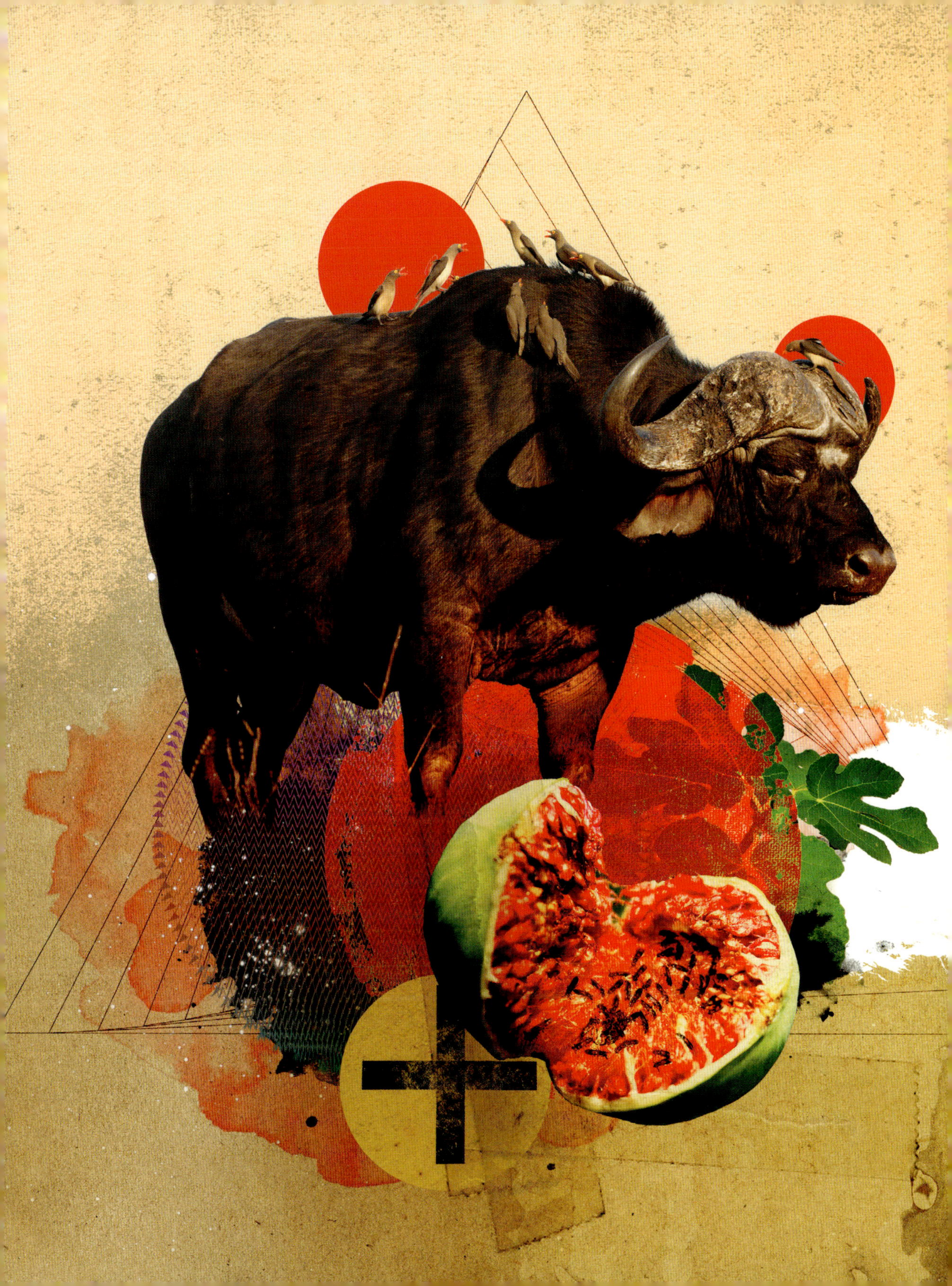

COMPORTAMENTO

Seres vivos não ficam parados

sem fazer nada. Eles monitoram constantemente seu ambiente e reagem a ele. Em outras palavras, eles se comportam. Bactérias respondem à luz e à presença de compostos químicos movendo-se para se aproximar ou se afastar do estímulo. Plantas detectam gravidade, elementos químicos e até a presença de outras plantas e reagem. A palavra comportamento, no entanto, em geral está associada a animais dotados de cérebro e sistemas nervosos, principalmente insetos (formigas, abelhas e outros), moluscos (como polvos) e vertebrados (a exemplo dos humanos). Para esses animais, o meio ambiente é rico em sensações que sinalizam oportunidades ou ameaças, e a maioria se comporta de maneira estereotipada, ou seja, sempre respondem a certos estímulos de modo programado. Tal comportamento representa uma resposta adaptativa a situações específicas. Toda gazela fugirá do guepardo, porque aquelas que forem em direção ao felino, ignorarem sua ameaça ou correrem muito devagar serão devoradas e não conseguirão passar seus genes para uma próxima geração. Muitos animais aprendem a adotar novos comportamentos em certas situações. Mas somente poucos – a exemplo de humanos, alguns primatas, golfinhos, elefantes e corvos – são capazes de refletir sobre seu comportamento, atributo associado com o reconhecimento de si mesmo.

SÍNTESE
"Comportamento" é o termo que descreve as respostas de um organismo a seu ambiente.

DISSECAÇÃO
Uma tendência recente no estudo do comportamento animal é investigar como e por que os animais variam sua "personalidade" – o que não significa, necessariamente, reconhecimento de si mesmo. Ou seja, alguns animais podem ser valentes e expansivos, enquanto outros da mesma espécie tendem a ser tímidos e reclusos. Embora a personalidade como sintoma do comportamento possa ser alterada pelo aprendizado e pela experiência, parece haver uma forte influência genética.

TEMAS RELACIONADOS
ADAPTAÇÃO E ESPECIAÇÃO
p. 114

SELEÇÃO SEXUAL
p. 116

JANE GOODALL
p. 142

DADOS BIOGRÁFICOS
KONRAD LORENZ
1903-1989
Zoólogo austríaco, pioneiro no estudo do comportamento animal, particularmente em como animais recém-nascidos se conectam ao primeiro objeto móvel que veem

JANE GOODALL
1934-
Zoóloga inglesa cujo estudo de 55 anos sobre chimpanzés da Tanzânia formou a base do conhecimento que temos sobre o comportamento da espécie mais próxima a nós

CITAÇÃO
Henry Gee

Chimpanzés de diferentes regiões comportam-se de modos distintos. Nota-se isso no uso de ferramentas, nos cuidados pessoais e na alimentação.

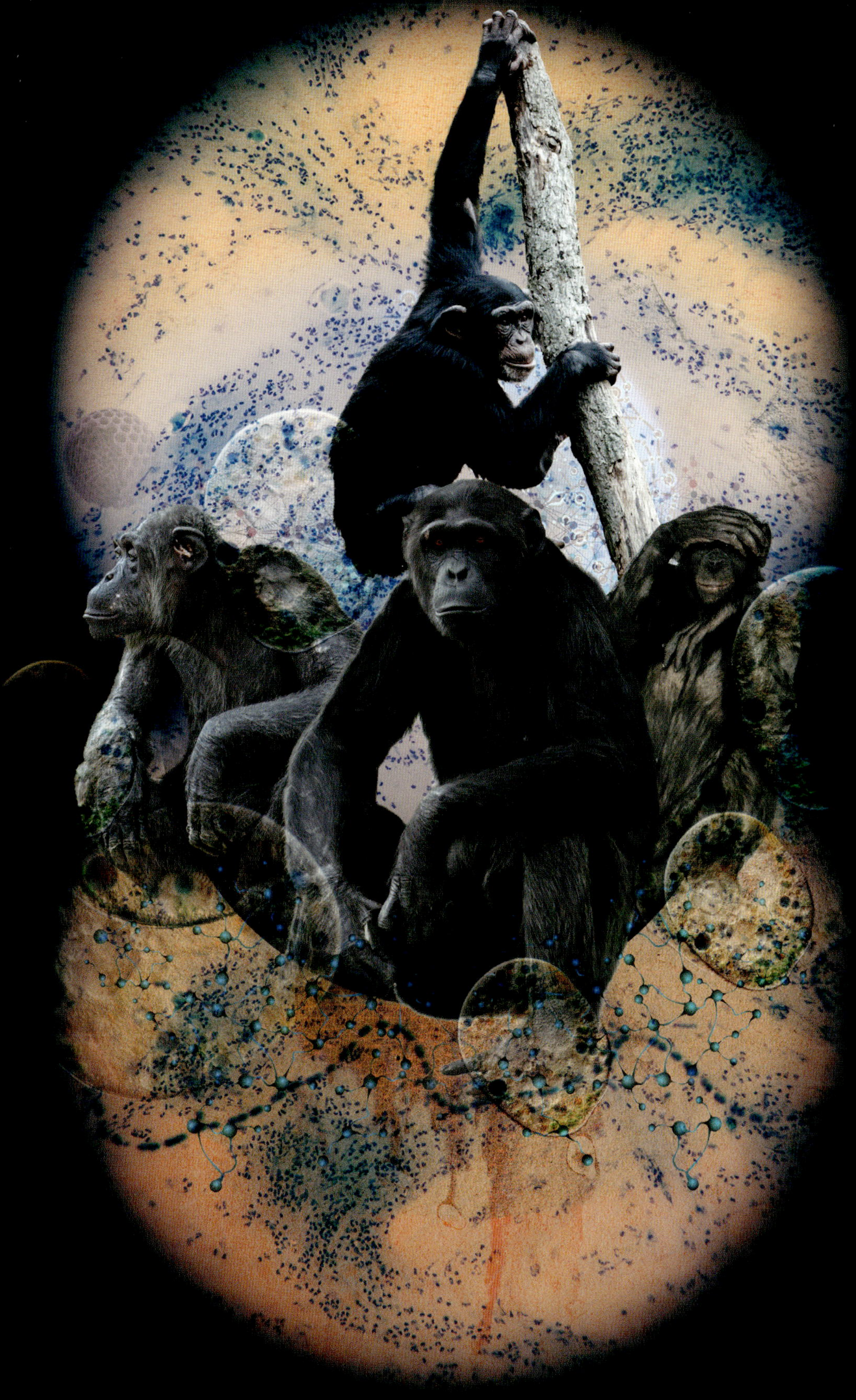

FILOGENIA GLOBAL

A única ilustração no livro seminal de Charles Darwin, *A origem das espécies*, era uma árvore genealógica – não de pessoas, mas de espécies. Essa árvore genealógica evolutiva é chamada filogenia. Quando espécies individuais se dividem em duas e continuam a evoluir, fica fácil entender como pequenos ramos se transformam em galhos e troncos da filogenia global, na qual cada ser vivo está relacionado aos outros. Pinguins estão conectados a pessoas; bactérias, a carvalhos – somos todos primos. Não se sabe como ou onde a vida se originou, mas as similaridades entre células vivas, especialmente em seu DNA, mostram que toda a vida tem um ancestral comum. As células mais simples, parentes das bactérias modernas, apareceram há mais de 3,5 bilhões de anos. Hoje a vida está dividida em dois domínios principais – de um lado as bactérias; de outro, as arqueas. Os eucariontes – animais, plantas, fungos e protistas – são ramos da árvore genealógica das arqueas. Desde a década de 1970, avanços teóricos e tecnológicos mostraram que a filogenia é baseada mais na similaridade molecular do que na semelhança anatômica. Hoje, investigações moleculares dos ambientes da Terra, desde as profundezas dos oceanos até os lagos de jardim, revelam sequências de DNA de formas de vida até então desconhecidas que contribuem para o crescimento constante da árvore da vida.

SÍNTESE
Filogenia é a árvore genealógica da evolução. A filogenia global engloba todos os seres vivos em um único esquema em forma de árvore.

DISSECAÇÃO
Até a década de 1970, tentar entender as relações evolutivas (reconstrução filogenética) parecia um jogo de azar, pois era difícil avaliar objetivamente filogenias concorrentes. Então, surgiu o método chamado de sistemática filogenética, ou cladística, que deu sólida sustentação científica à reconstrução filogenética. A capacidade de sequenciar o DNA dos organismos, desenvolvida na mesma época, desvendou uma ampla fonte de informação evolutiva, provendo uma base ainda mais segura à filogenia.

TEMAS RELACIONADOS
ORIGEM DA VIDA – VÍRUS
p. 14

ADAPTAÇÃO E ESPECIAÇÃO
p. 114

CHARLES DARWIN
p. 120

DADOS BIOGRÁFICOS
WILLI HENNIG
1913-1976
Entomologista alemão que inventou a sistemática filogenética, ou cladística, método objetivo de estimar relações evolutivas

EMILE ZUCKERKANDL
1922-2013
Biólogo francês que, junto a Linus Pauling, fundou a disciplina da filogenia molecular, utilizando informações moleculares para calcular relações evolutivas

CITAÇÃO
Henry Gee

A árvore genealógica das arqueas mapeia o desenvolvimento de todas as espécies – animais ou vegetais – não relacionadas a bactérias.

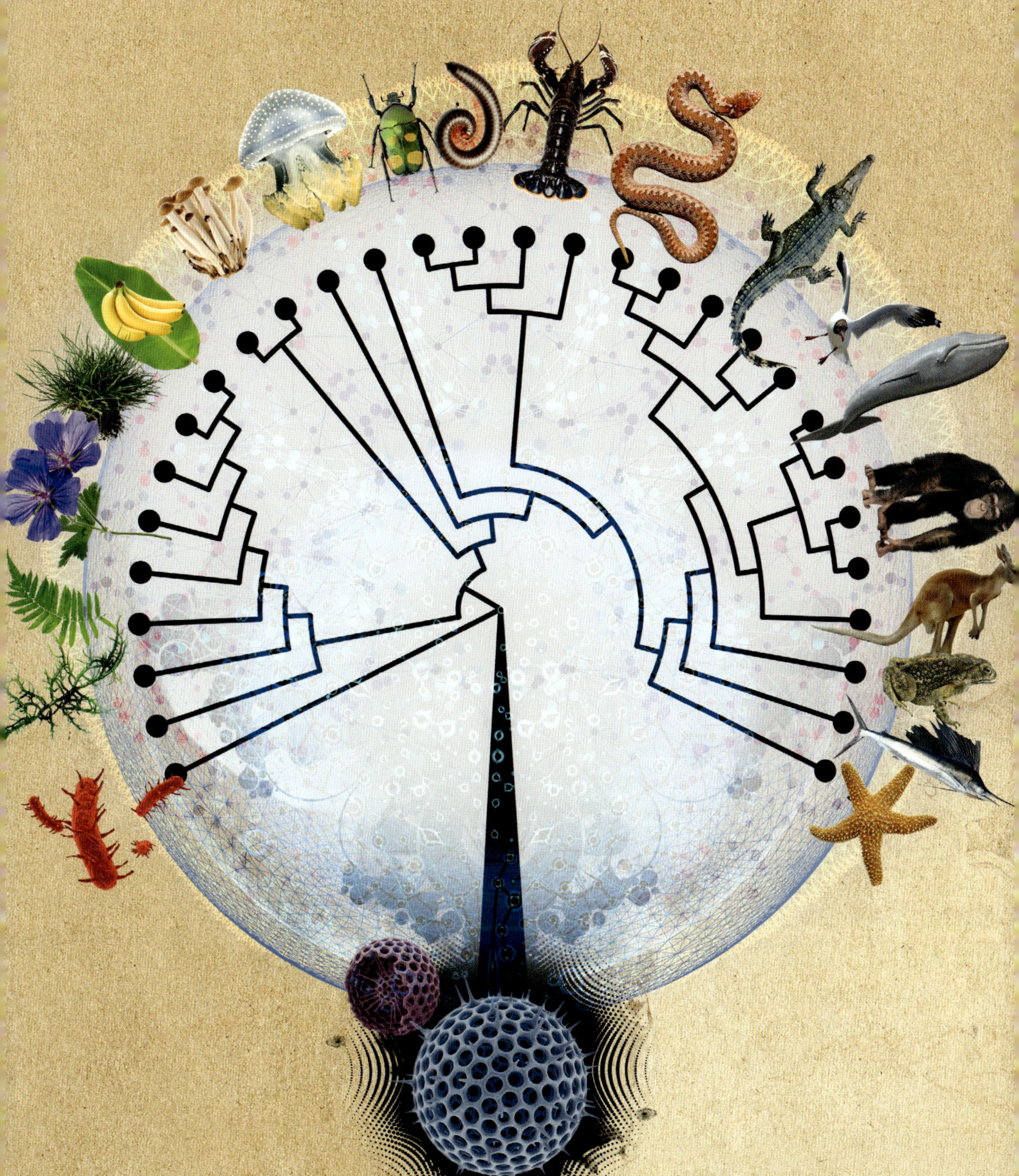

POLÊMICA
POR QUE ENVELHECEMOS?

Por que envelhecemos e morremos?

Cientistas começam a desvendar a questão, mas estão longe de concordar entre si. Há pelo menos três respostas. Uma diz que, como os recursos naturais são finitos, uma criatura só pode dedicar energia a determinada atividade às custas de outra. De fato, existem evidências de um equilíbrio entre reprodução e longevidade, ou seja, criaturas que reproduzem cedo e têm muitas crias tendem a apresentar sinais de envelhecimento e morrer antes daquelas que reproduzem com idade mais avançada e geram menos descendentes. É por essa razão que ratos vivem um ou dois anos, mas elefantes e pessoas podem viver por muitas décadas. Próxima a essa está a segunda resposta possível: genes favoráveis na juventude se deterioram com o envelhecimento. A terceira pode ser resumida como a hipótese "viva rapidamente e morra jovem", que defende a relação do envelhecimento com a velocidade do metabolismo. A atividade bioquímica no corpo gera subprodutos tóxicos que, se não forem reconhecidos, podem danificar o DNA. Por isso as espécies reativas ao oxigênio são banhadas por elementos químicos chamados antioxidantes, como a vitamina C. Essa visão de metabolismo está relacionada à ideia de que a expectativa de vida depende da alimentação. Uma dieta rigorosa mostrou-se efetiva no aumento da expectativa de vida de animais como lombrigas. As três respostas explicam diferentes aspectos do envelhecimento.

SÍNTESE
A mortalidade preocupa a humanidade desde o princípio dos tempos. É tema da *Epopeia de Gilgamesh*, com mais de 4 mil anos, e da maioria das religiões e teorias filosóficas desde então.

DISSECAÇÃO
Uma pergunta intrigante é por que as criaturas envelhecem em velocidades diferentes. Um hamster morre em dois anos, idade em que nós humanos ainda somos bebês. Cães e gatos vivem cerca de vinte anos, quando ainda nem chegamos à maturidade. A relação entre dieta, metabolismo, reprodução e envelhecimento não é simples. Por exemplo, não se sabe por que as aves tendem a viver mais que mamíferos com massa similar.

TEMAS RELACIONADOS
CÉLULAS E DIVISÃO CELULAR
p. 54

CÂNCER
p. 84

SENESCÊNCIA E MORTE CELULAR
p. 106

DADOS BIOGRÁFICOS
LEONARD HAYFLICK
1928-
Biólogo norte-americano, descobriu que células animais podem se dividir um número finito de vezes, o que ficou conhecido como limite de Hayflick.

CYNTHIA KENYON
1955-
Bióloga norte-americana, pioneira nos estudos da biologia molecular do envelhecimento, usando como modelo o nematódeo laboratorial *Caenorhabditis elegans*

CITAÇÃO
Henry Gee

Quer viver para sempre? Na corrida pela longevidade, nenhum animal vence o jabuti.

5

15

25

35

45

55

20   30   40   50   60   70

90

110

130

150

ECOLOGIA

ECOLOGIA
GLOSSÁRIO

autótrofos Organismos, como vegetais verdes, que produzem a matéria orgânica necessária para sua nutrição a partir de substâncias inorgânicas, como dióxido de carbono e nitratos. Em contraste, os heterótrofos, como humanos, precisam de substâncias orgânicas – geralmente plantas ou carne animal – para suprir suas necessidades nutricionais.

biodiversidade Variedade de vegetais, animais e microrganismos de um habitat. Em uso geral, significa a diversidade de espécies em um ambiente específico ou na Terra.

biomassa Massa de organismos vivos de um tipo específico ou em uma determinada área ou volume. Em discussões sobre necessidades energéticas, o termo também é empregado para se referir ao material a ser utilizado como combustível derivado de organismos vivos ou mortos recentemente.

demografia Estatística de nascimento e morte de populações e grupos que as compõem.

desertificação Processo pelo qual ecossistemas secos da Terra se tornam mais áridos, perdendo vegetação, vida selvagem e áreas alagadas. Concebem-se como terras secas não apenas desertos, mas toda área com muito pouca ou nenhuma água, caso de savanas, pradarias, cerrados e regiões similares. Entre as causas da desertificação estão mudanças climáticas, desmatamento e criação excessiva de pasto para pecuária.

ecossistema Comunidade biológica de organismos, seu meio ambiente associado e as interações entre esses organismos.

endocruzamento Cruzamento entre pessoas ou animais geneticamente próximos. Em populações pequenas ou isoladas, pode levar à depressão de consanguinidade, quando a população sofre redução na aptidão biológica.

espécie Grupo de organismos cujos membros podem cruzar e produzir descendentes férteis. É a oitava categoria no sistema de classificação científica, logo abaixo do gênero.

espécies ameaçadas Espécies oficialmente classificadas como candidatas prováveis à extinção na Lista Vermelha da União Internacional para a Conservação da Natureza (UICN). Uma espécie é considerada extinta quando não tem nenhum indivíduo sobrevivente.

genômica Estudo do genoma (material genético) dos organismos, com ênfase em sua evolução, funcionalidade e estrutura.

homogeneização biótica Forma com que a extinção localizada de espécies e seu movimento entre habitats tornam locais mais parecidos entre si em termos de diversidade de espécies.

mudança climática antropogênica Grande e duradoura mudança nos padrões climáticos e nas temperaturas médias da Terra que ocorre desde a metade do século XX até os dias de hoje, atribuída por climatologistas aos altos níveis de dióxido de carbono na atmosfera causados pela queima de combustíveis fósseis (carvão, gás, petróleo, etc.). Entre os efeitos observados estão, por exemplo, o derretimento de geleiras, o encolhimento dos mantos de gelo na Antártida e na Groenlândia, o aumento do nível do mar e a mudança nos padrões pluviométricos – inclusive com a ocorrência de um maior número de tempestades extremas na América do Norte.

nicho Em ecologia, é o papel e o status de uma espécie em seu ecossistema. Refere-se à interação de todas as espécies em um ecossistema – por exemplo, ao competir por comida, ser predador ou viver como parasita. Duas espécies não conquistam coexistência estável se tentam ocupar o mesmo nicho.

paleontólogo Cientista que, por meio de fósseis, estuda organismos extintos.

primatólogo Zoólogo (cientista que estuda os animais) especializado em primatas – ordem dos mamíferos que inclui macacos, hominoides e humanos.

renaturalização Estratégia conservacionista que busca proteger processos naturais e restaurar áreas selvagens. Um de seus principais métodos é a reintrodução de grandes espécies predadoras. Seus proponentes defendem a reintrodução de espécies como lobos e linces a áreas renaturalizadas do Reino Unido e da América do Norte, por exemplo.

seleção natural Processo pelo qual os organismos mais bem adaptados ao ambiente sobrevivem e produzem maior número de descendentes. É parte da teoria da evolução proposta pelo naturalista inglês Charles Darwin.

tuberculose bovina Forma de tuberculose (doença bacteriana em que tubérculos ou nódulos crescem nos pulmões ou em outros tecidos) em bovinos, causada pela propagação da bactéria aérea *Mycobacterium bovis*. A doença pode infectar outros mamíferos, como texugos, veados, porcos e humanos. Algumas autoridades afirmam que os texugos são os principais responsáveis pela disseminação da doença para o gado e defendem abatê-los, mas há controvérsias se esse método seria efetivo.

BIOGEOGRAFIA

Espécies não estão espalhadas uniformemente na Terra, mas padrões em sua distribuição sugerem que processos similares afetam sua presença ou ausência. Quanto mais próximo dos trópicos, maior o número de espécies, como resultado de melhores condições para o crescimento de vegetação e climas mais estáveis. Há menos espécies com o aumento da altitude por razões similares. Como tanto o isolamento quanto o tamanho da área afetam a diversidade, ilhas pequenas e remotas apresentam menos espécies do que as mais próximas do continente. Barreiras físicas e isolamento durante longos períodos permitem a evolução de novas espécies. Essa é a razão pela qual lugares como Austrália, Havaí e Madagascar são tão importantes para a biodiversidade. Cada um desses padrões é facilmente explicado, mas as peculiaridades da distribuição das espécies é difícil de entender. Na África há avestruzes, na América do Sul, emas, na Austrália, emus, e em Madagascar havia pássaros-elefante, hoje extintos. Todas essas espécies são similares e muito próximas geneticamente. Então, como foram acabar tão longe umas das outras? A teoria moderna sugere que seu ancestral em comum habitava Gonduana, o supercontinente que se dividiu supostamente há 180 milhões de anos, no período Cretáceo. Quando os continentes se deslocaram para sua posição atual, devido à deriva continental, carregaram seus descendentes consigo.

SÍNTESE
Há pouca casualidade na distribuição e abundância de espécies por todo o planeta. Cada uma foi afetada pelo clima e pela geografia, mas o tempo é o fator mais determinante.

DISSECAÇÃO
Até recentemente, a distribuição das espécies resultava de mudanças que ocorriam na escala de tempo geológico. Hoje, seja acidentalmente ou deliberadamente, estamos introduzindo espécies a regiões em que elas nunca chegariam naturalmente. Pítons-birmanesas nos Everglades da Flórida, periquitos asiáticos nos subúrbios de Londres e sapos-boi sul-americanos na Austrália são exemplos de como em poucos séculos modificamos os ecossistemas, com consequências que estamos apenas começando a compreender.

TEMAS RELACIONADOS
REDES TRÓFICAS
p. 138

BIOLOGIA DA MUDANÇA CLIMÁTICA
p. 144

EXTINÇÃO
p. 148

DADOS BIOGRÁFICOS
GEORGES-LOUIS LECLERC, CONDE DE BUFFON
1707-1788
Naturalista francês que percebeu como o clima afeta a distribuição das espécies

ALFRED LOTHAR WEGENER
1880-1930
Geofísico alemão que notou como os continentes se encaixavam como um quebra-cabeça e presumiu que eles já foram conectados

CITAÇÃO
Mark Fellowes

Ancestrais de muitas espécies similares que hoje vivem em locais distantes habitavam o mesmo supercontinente.

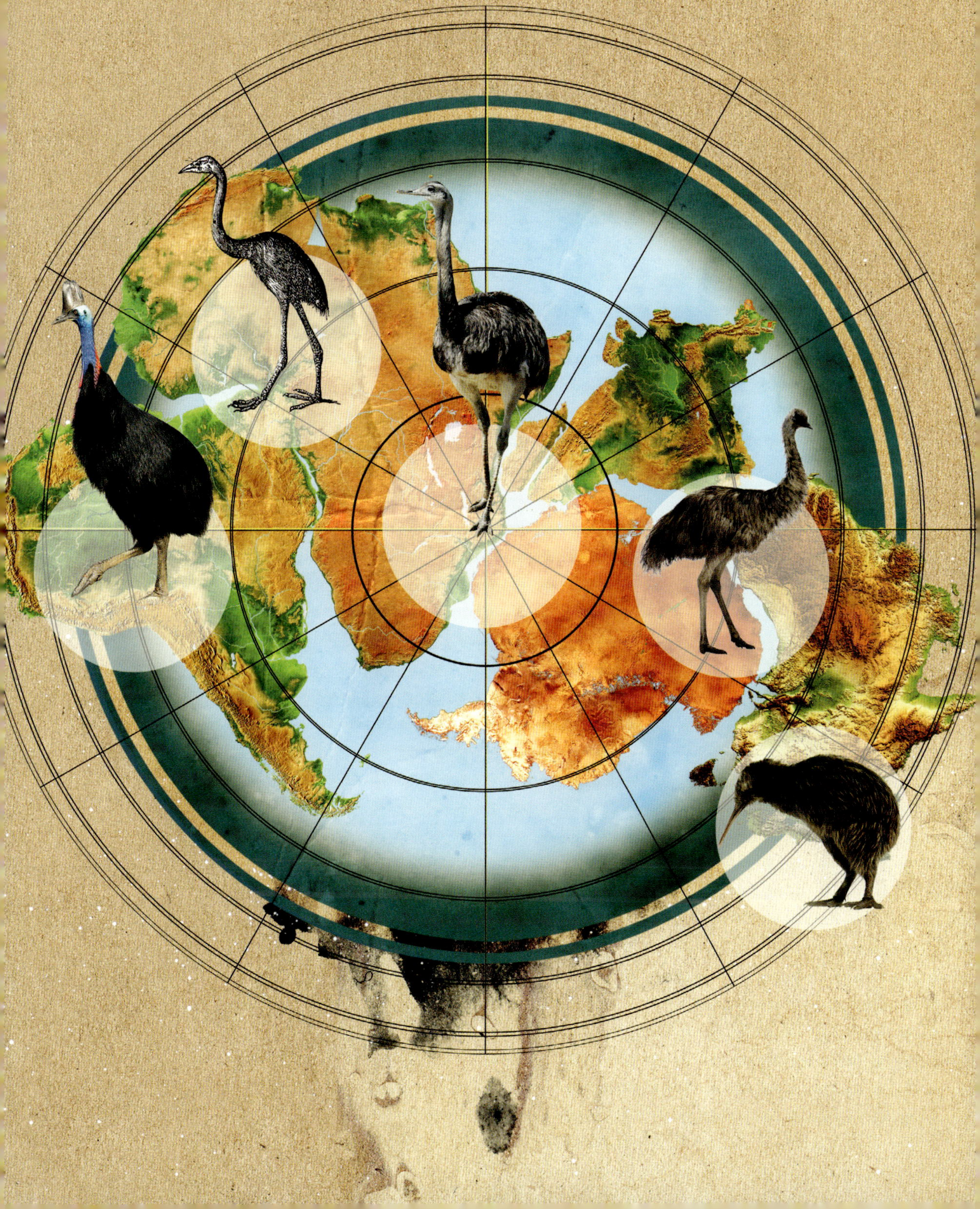

ECOLOGIA POPULACIONAL

Quantas pessoas habitarão a Terra em 2050? Essa previsão pode ser feita com relativa precisão (as Nações Unidas dizem cerca de 9,7 bilhões), pois conhecemos a demografia das populações humanas. Registramos nascimentos e mortes, quando, por que e onde eles ocorrem, mas não temos esses dados para outras espécies. Texugos afetam as taxas de tuberculose bovina no Reino Unido? Estamos extraindo peixes do mar de forma não sustentável? Tigres selvagens estarão extintos em vinte anos? As respostas para essas questões dependem de informações demográficas que possam ser empregadas a modelos matemáticos e estatísticos para prever alterações nas populações das espécies. Esses modelos mostram como tais alterações são afetadas por fatores como meio ambiente, competição por recursos, predadores e doenças. O mais simples modelo de crescimento populacional é o exponencial, quando indivíduos tem crias que, por sua vez, também se reproduzem, aumentando o número de indivíduos com o tempo. As populações, porém, não podem crescer indefinidamente. Os alimentos são finitos, de modo que a capacidade de recursos do meio ambiente determina o tamanho de uma população – quando esta fica acima de tal capacidade, declina; quando está abaixo, cresce em direção ao limite. Predadores ou alterações no meio ambiente podem introduzir variação, levando a aumentos e diminuições cíclicas na dimensão populacional.

SÍNTESE
A ecologia populacional procura entender por que algumas espécies são abundantes e outras se extinguem.

DISSECAÇÃO
Para biólogos conservacionistas, estimar a população mínima viável de espécies raras é crucial para entender sua probabilidade de extinção. Esse cálculo considera os efeitos de alterações aleatórias, grandes catástrofes ambientais e endogamia, que têm impacto maior em populações pequenas. Estima-se que 4 mil indivíduos seja o número mínimo em uma população para garantir 95% de chance de sobrevivência em cem anos. Muitas espécies ameaçadas têm populações muito menores que isso.

TEMAS RELACIONADOS
MUTUALISMOS
p. 122

REDES TRÓFICAS
p. 138

DADOS BIOGRÁFICOS
THOMAS ROBERT MALTHUS
1766-1834
Clérigo inglês cuja percepção de que as populações são limitadas pelos recursos influenciou profundamente as ideias de Charles Darwin sobre seleção natural

GEORGII FRANTSEVICH GAUSE
1910-1986
Ecólogo russo, sugeriu que duas espécies não podem habitar o mesmo nicho, já que uma levaria a outra à extinção

CITAÇÃO
Mark Fellowes

Conservacionistas registram apenas poucos milhares de tigres na natureza. Eles terão o mesmo destino do dodô?

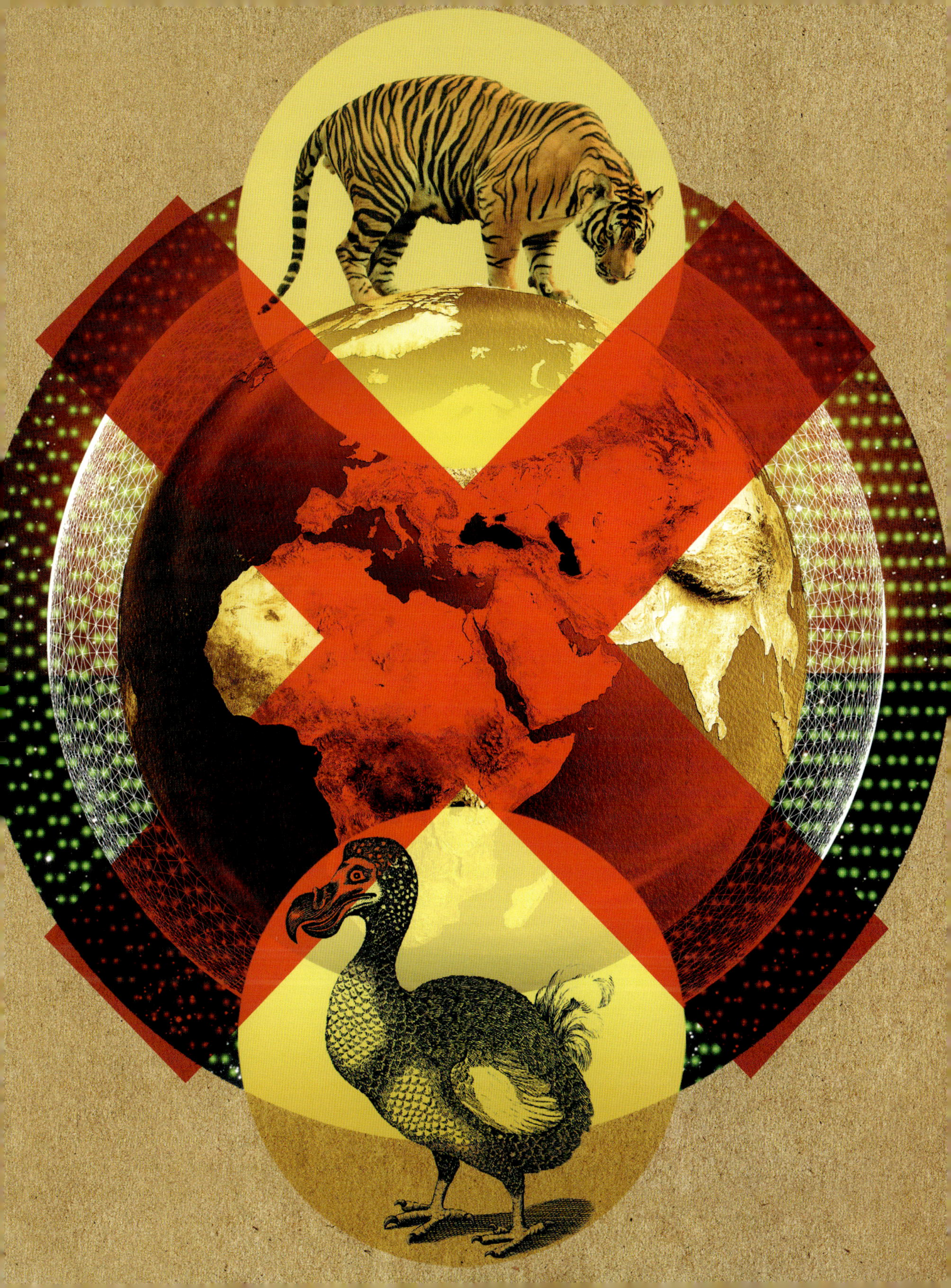

REDES TRÓFICAS

Nenhuma espécie vive isolada; cada uma é parte de uma rede complexa de interações. Algumas dessas interações são positivas, quando as espécies se beneficiam, mas a maioria é negativa, com outros indivíduos ou espécies disputando por recursos ou agindo como inimigos naturais. Entender como grupos de organismos interagem é tarefa da sinecologia, e sua ferramenta mais simples é a rede trófica. A primeira rede foi desenhada por Charles Elton em 1923. Quando estudava na Universidade de Oxford, Elton participou de uma expedição à Bear Island, na costa da Noruega. Ao lado do botânico V. S. Summerhayes, ele pesquisou qual espécie se alimentava de qual nesse ambiente de tundra. O trabalho fundamentou a ideia principal de Elton: é possível ver como a energia flui da planta para o predador, passando pelo herbívoro, em cadeias alimentares simples que se entremeiam em redes tróficas. Essas redes foram muito aprimoradas desde a primeira descrição de Elton. A modificação mais significativa ocorreu na inclusão de espécies com formas similares de obtenção de energia em níveis tróficos. As plantas que produzem a própria energia pela fotossíntese ficam na base da rede trófica, conectadas aos herbívoros no próximo nível, que são ligados aos predadores logo acima.

SÍNTESE
O mundo é um local perigoso, onde cada espécie é predadora ou presa. Aqueles que estão no meio da cadeia alimentar são ambos.

DISSECAÇÃO
Elton forneceu à ecologia moderna muitos princípios fundamentais. O mais importante foi a pirâmide de números: a biomassa das plantas (produtores primários) é muito maior que a dos herbívoros (consumidores primários). Por sua vez, há menos predadores (consumidores secundários) e predadores de predadores. Isso reflete a ineficiência da conversão de energia à medida que as presas são consumidas e transformadas em novos predadores. São raros os grandes predadores em altos níveis tróficos.

TEMAS RELACIONADOS
MUTUALISMOS
p. 122

ECOLOGIA POPULACIONAL
p. 136

ENERGÉTICA DOS ECOSSISTEMAS
p. 140

DADOS BIOGRÁFICOS
CHARLES SUTHERLAND ELTON
1900-1991
Zoólogo britânico que ajudou a transformar a ecologia em uma ciência quantitativa

RAYMOND LAUREL LINDEMAN
1915-1942
Ecólogo norte-americano, sugeriu que somente cerca de 10% da energia de um nível trófico é transferida para o próximo

CITAÇÃO
Mark Fellowes

A energia flui para o alto da pirâmide, de um nível trófico para o seguinte – das plantas aos herbívoros e deles para os predadores.

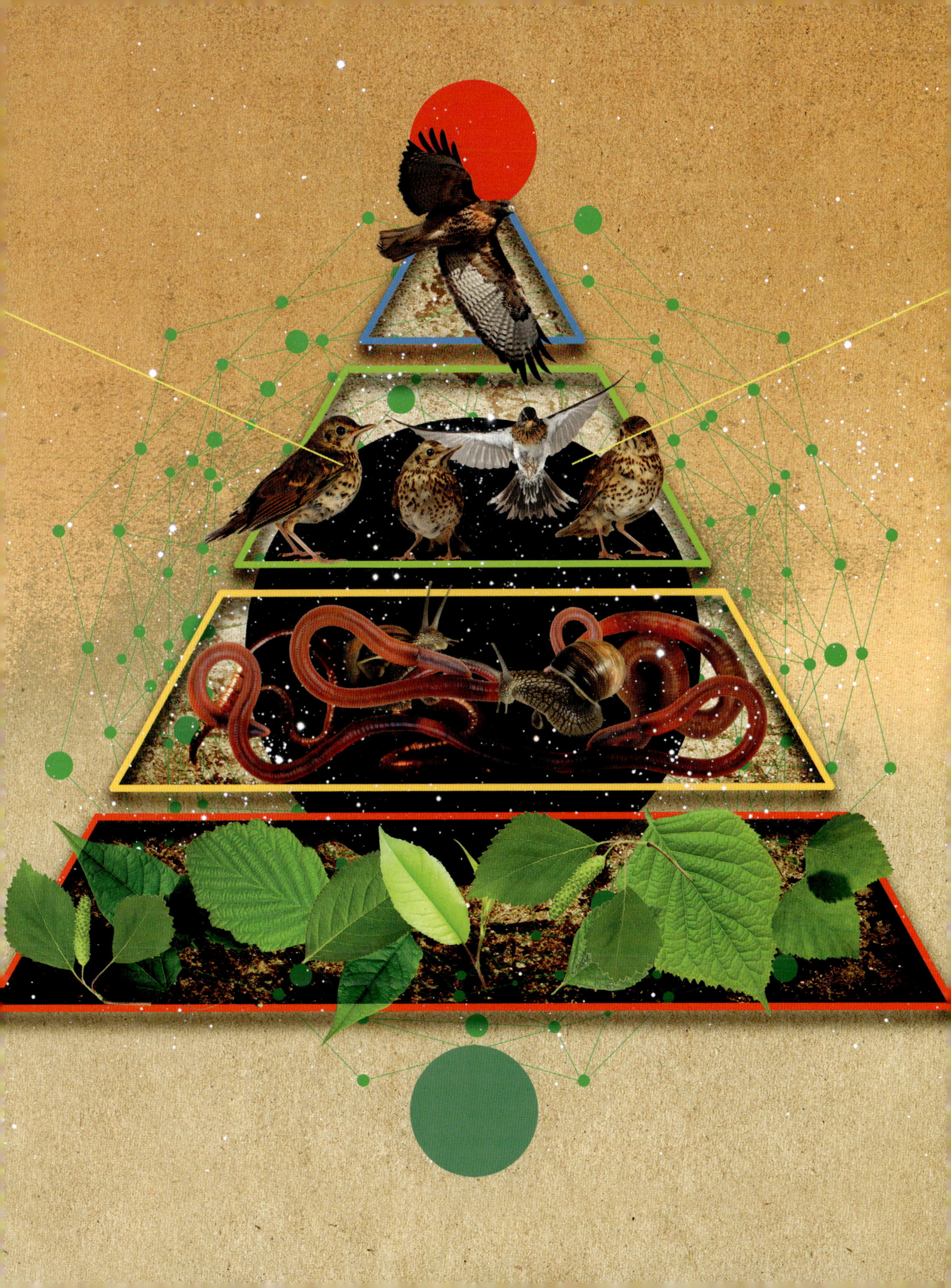

ENERGÉTICA DOS ECOSSISTEMAS

Quase toda a energia da vida

na Terra é provida pelo sol e convertida em compostos orgânicos pela fotossíntese. O índice total de energia convertida pelos autótrofos (espécies que produzem sua própria energia) consiste na produtividade primária bruta. Ao retirar a quantidade de energia empregada no próprio processo, obtemos a produtividade primária líquida (PPL), que é a quantidade de energia transformada em matéria orgânica. Essa produção se acumula no decorrer do tempo como biomassa, que é a medida da energia da qual os heterótrofos (maioria das espécies que não fazem fotossíntese) podem tirar proveito. Seres humanos representam cerca de 0,5% da biomassa heterotrófica e, segundo estimativas, consomem mais de 23% da produtividade primária líquida mundial. O Sudeste Asiático e a Europa ocidental devoram mais de 70% de sua PPL regional. Nós consumimos diretamente biomassa vegetal como alimento, combustível e matéria-prima para produtos manufaturados. Além disso, reduzimos a PPL ao transformar florestas, que são altamente eficientes, em lavouras pouco eficazes, ao comer herbívoros em vez de vegetais e ao deteriorar habitats por meio da desertificação, da urbanização e da poluição. Com o aumento da população e dos padrões de vida, fica cada vez mais difícil para o planeta satisfazer nossas demandas.

SÍNTESE
Plantas transformam enormes quantidades de energia em matéria orgânica acessível, que é consumida, em sua maioria, pelos humanos.

DISSECAÇÃO
Padrões de PPL variam ao redor do mundo de acordo com o clima. Regiões mais quentes apresentam índices mais altos do que regiões desérticas ou geladas. Isso explica a enorme variação nos padrões de biodiversidade na Terra. Regiões com maior índice de PPL apresentam mais espécies, o que explica por que as florestas tropicais são tão ricas em biodiversidade. Curiosamente, em ambientes marinhos há uma relação inversa entre PPL e biodiversidade devido à mistura de correntes marítimas, que aumentam a produtividade, mas diminuem a diversidade.

TEMAS RELACIONADOS
REDES TRÓFICAS
p. 138

EXTINÇÃO
p. 148

DADOS BIOGRÁFICOS
PAUL RALPH EHRLICH
1932-
Ecólogo norte-americano responsável por chamar a atenção para as implicações potenciais do recente crescimento exponencial da população humana

JAMES HEMPHILL BROWN
1942-
Ecólogo norte-americano, desenvolveu o campo da macroecologia, que investiga padrões de abundância e distribuição das espécies em alta escala

CITAÇÃO
Mark Fellowes

Desmatar florestas para criar pasto reduz a eficiência energética do solo.

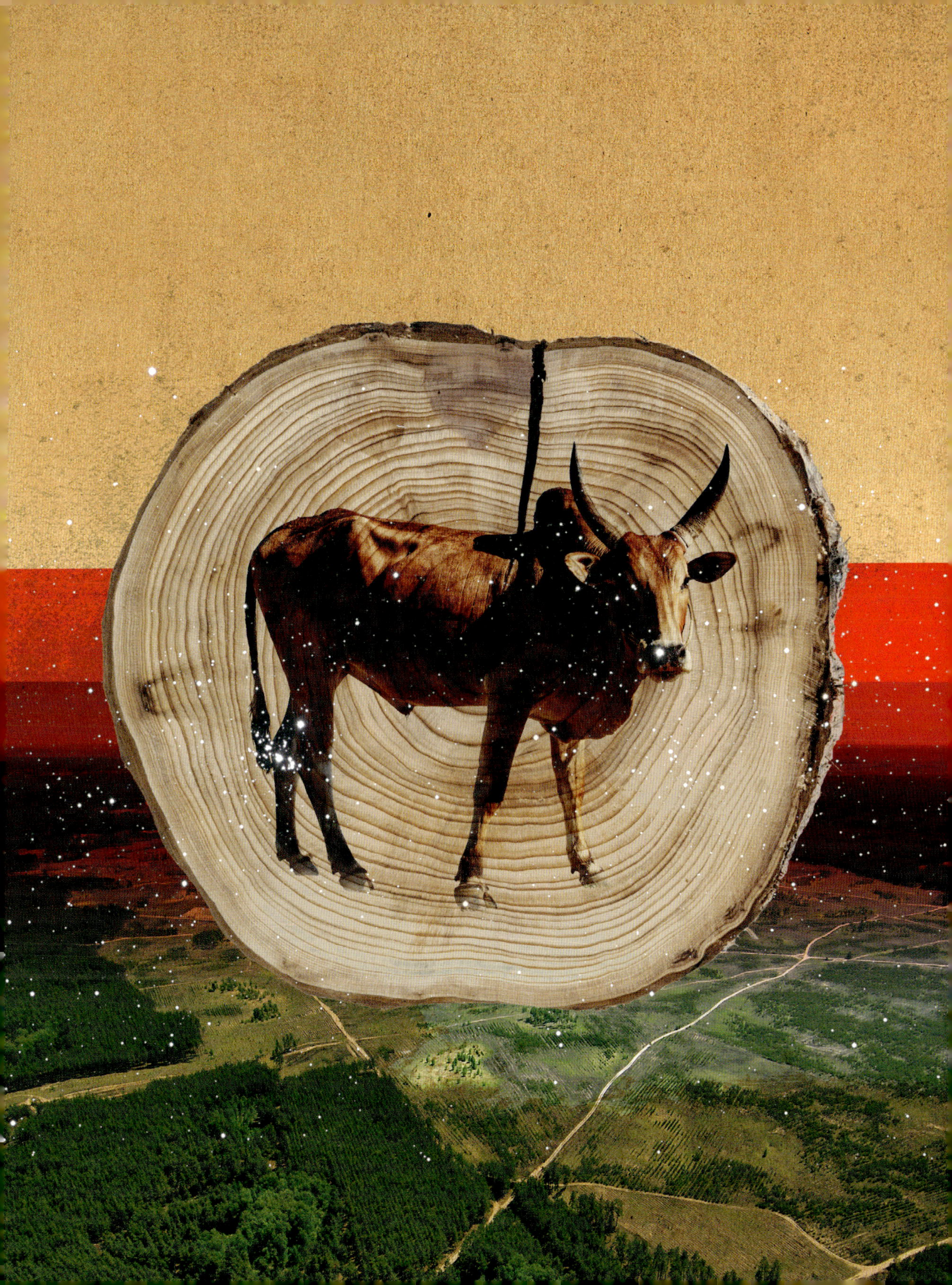

1934
Nasce em Londres Valerie Jane Morris-Goodall, filha de Mortimer Morris-Goodall e Vanne Joseph

1952
Abandona a escola para trabalhar como secretária

1958
Estuda biologia de primatas em Londres

1960
Inicia os estudos com chimpanzés no Gombe Stream National Park, na Tanzânia (Tanganica, na época)

1962-5
Obtém doutorado em etologia no Newnham College, Cambridge

1964
Casa-se com o fotógrafo de vida selvagem holandês Hugo van Lawick

1974
Divorcia-se de van Lawick

1975
Casa-se com Derek Bryceson, diretor dos parques nacionais da Tanzânia

1977
Cria o Instituto Jane Goodall

1980
Bryceson morre de câncer

1991
Inicia o programa de educação juvenil *Roots and Shoots* na Virgínia, EUA

1996
Premiada com a Medalha de Prata da Sociedade Zoológica de Londres

2004
Condecorada Dama Comandante da Ordem do Império Britânico

2006
Recebe a Medalha de Aniversário de 60 anos da Unesco e a Ordem Nacional da Legião de Honra da França

JANE GOODALL

Uma entre os três primatologistas patrocinados pelos paleantropólogos Louis e Mary Leakey – os outros foram Dian Fossey e Biruté Galdikas –, Jane Goodall conquistou amplo reconhecimento público por seu trabalho com chimpanzés.

Aos 20 e poucos anos, Goodall viajou ao Quênia para visitar a fazenda da família de sua amiga Clo Mange. Em sua estada, apresentou-se a Louis Leakey, que inicialmente a aceitou como assistente e logo propôs que se dedicasse à pesquisa com chimpanzés. Leakey achava que o estudo ajudaria a elucidar a ancestralidade comum dos grandes primatas e primeiros humanos. Após um breve período de introdução ao assunto em Londres, Goodall foi trabalhar no Gombe Stream National Park, na Tanzânia. Dois anos mais tarde, Leakey conseguiu fundos para Goodall pleitear o doutorado em etologia – estudo do comportamento animal – na Universidade de Cambridge, apesar de não possuir graduação. Sua tese "Behaviour of the Free-Ranging Chimpanzee" [Comportamento de chimpanzés de vida livre] foi concluída em 1965.

Esse foi o início de décadas de pesquisa sobre o comportamento social de chimpanzés no Gombe Stream. As opiniões acadêmicas divergiam se a falta de treinamento científico de Goodall era uma ajuda ou um entrave. Seu envolvimento pessoal com os chimpanzés – ela chegou a se tornar membro de um bando por um período – reduziu a objetividade de seu trabalho e pode ter provocado alterações no comportamento dos animais. Os críticos de Goodall também a acusaram de antropomorfismo, mas seu entusiasmo e sua dedicação lhe permitiram fazer observações sobre a personalidade dos chimpanzés que escapariam a um enfoque mais ortodoxo.

O trabalho de Goodall exibiu aspectos até então desconhecidos sobre a vida desses animais. Além de perceber traços individuais na personalidade dos primatas, ela observou o uso de ferramentas – particularmente a "pesca" de cupins com longos galhos de grama. Goodall provou ser equivocada a suposição, promovida em parte pelos zoológicos, de que os chimpanzés eram relativamente dóceis e vegetarianos. Ela revelou um consumo regular de carne de pequenos macacos por parte deles e altos níveis de violência para manter a hierarquia dos bandos.

Em 1986, Goodall participou de uma conferência em Chicago onde a redução do habitat dos chimpanzés foi evidenciada pela primeira vez. Logo depois, ela mudou sua prioridade para a conservação, a organização e a publicidade, principalmente em seu trabalho com o Instituto Jane Goodall, que organiza estudos e ajuda a manter o meio ambiente dos chimpanzés. Isso levou ao estabelecimento de um centro para estudos de primatas na Universidade de Minnesota em 1995. Goodall continua a trabalhar incansavelmente para promover a preservação desses animais.

Brian Clegg

BIOLOGIA DA MUDANÇA CLIMÁTICA

SÍNTESE
A rápida mudança climática antropogênica (provocada pelo homem) desafia a habilidade das espécies de permanecerem adaptadas a seus ambientes. Elas conseguem evoluir rápido o suficiente para sobreviver?

DISSECAÇÃO
Em tamanha desordem vemos as sazões trocadas: do seio brando da virente rosa sacode a geada a cândida cabeça, enquanto sobre o queixo e nos cabelos brancos do velho inverno, por escárnio, brotam grinaldas de botões odoros do agradável estio. A primavera, o estio, o outono procriador, o inverno furioso as vestes habituais trocaram, de forma tal que o mundo, de assombrado, para identificá-los não tem meios.

SONHO DE UMA NOITE DE VERÃO
ATO II, CENA I
WILLIAM SHAKESPEARE

O clima da Terra sempre sofreu variações. Houve tempos em que a concentração de CO_2 foi dez vezes a atual, o nível do mar muitos metros mais elevado e o planeta era tão quente que vegetação tropical crescia perto do polo Norte. A preocupação com a mudança climática atual surgiu por ela ser muito rápida e provocada pela ação humana. É preciso medir o impacto na fauna e na flora das mudanças de temperatura e concentração de CO_2, do derretimento das calotas polares, do aumento no nível do mar, da diminuição da acidez dos oceanos, das secas e das inundações. Organismos são muito dependentes de seus ambientes e, com a mudança climática, algumas populações podem diminuir e até se extinguir, enquanto outras aumentam a níveis problemáticos. Os anfíbios – sapos, tritões e salamandras – são particularmente sensíveis. Extinções estão associadas a perda de habitats, doenças e mudanças climáticas. O gafanhoto-do-deserto, por outro lado, provavelmente se tornará mais destrutivo com o aumento previsto nas chuvas extremas na região do Sahel, no Norte da África. A sazonalidade de eventos biológicos também está mudando. Quando diferentes organismos – como plantas floríferas e insetos polinizadores – programam suas atividades sazonais para coincidirem, respostas variáveis às mudanças climáticas podem ser desastrosas. Biólogos devem estudar as respostas à mudança climática para proteger a biodiversidade da Terra.

TEMAS RELACIONADOS
BIOGEOGRAFIA
p. 134

ENERGÉTICA DOS ECOSSISTEMAS
p. 140

EXTINÇÃO
p. 148

POLÊMICA: O ANTROPOCENO
p. 150

DADOS BIOGRÁFICOS
CAMILLE PARMESAN
1961-
Pioneira norte-americana na avaliação dos impactos da mudança climática na vida selvagem

BRIAN HOSKINS
1945-
Matemático britânico defensor da meteorologia com ênfase na importância da mudança climática para a sociedade

CITAÇÃO
Nick Battey

A mudança climática está alterando o ambiente de espécies em todo o planeta.

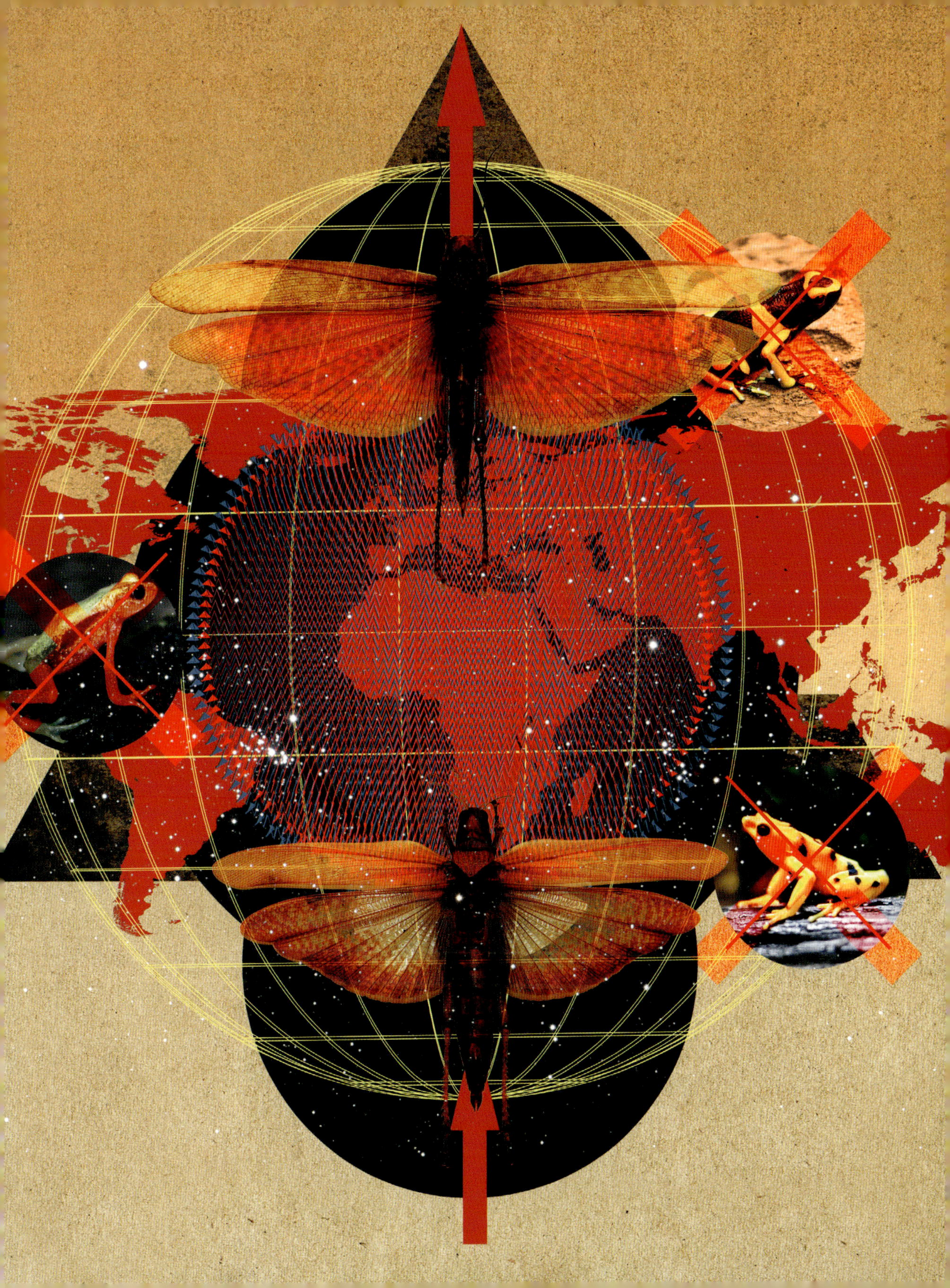

ESPÉCIES INVASORAS

Espécies invasoras são aquelas

que colonizam novos territórios e se tornam um problema: desde o vírus da gripe que todo ano se espalha por todo o planeta à joaninha-arlequim, que atualmente supera a concorrência de espécies nativas no Reino Unido; da píton-birmanesa, que devasta a biodiversidade dos Everglades na Flórida, ao maior invasor de todos – o ser humano. Muitas espécies que se tornam invasoras foram introduzidas deliberadamente em uma tentativa bem-intencionada de resolver um problema. Um exemplo disso é a kudzu (*Pueraria lobata*), trepadeira nativa do leste da Ásia que foi amplamente plantada no sul dos Estados Unidos para conter a erosão do solo, mas se tornou uma erva daninha. Em geral, porém, a globalização dos deslocamentos e da atividade humana é associada à invasão biológica. A água de lastro levada por navios foi responsabilizada por transportar o mexilhão-zebra, originário do mar Morto e que hoje infesta rios e lagos da América do Norte. Freixos importados provavelmente foram culpados por um surto que matou muitas dessas árvores no Reino Unido. A cobra-arbórea-marrom (*Boiga irregularis*) conseguiu se agarrar a um navio ou avião para a ilha de Guam, no Pacífico, onde dizimou populações de aves nativas. A dispersão é facilitada pelos humanos; o estabelecimento e a propagação, fases seguintes da invasão, dependem de características do organismo invasor e do ecossistema sob ameaça.

SÍNTESE

O crescimento do deslocamento humano no planeta aumenta também o potencial para invasões de espécies, portanto entender o que transforma uma introdução em invasão é muito importante.

DISSECAÇÃO

O que determina o sucesso de um invasor? Suas próprias características, como fertilidade e dispersão, são importantes. A diversidade do ecossistema também tem seu papel, mas a disponibilidade de recursos pode tornar o ambiente vulnerável a invasões. Não importa a causa, a consequência é a homogeneização biótica (quando diferentes locais tornam-se similares em termos de diversidade de espécies). Assim como acontece com marcas de apelo global, cada lugar do planeta pode um dia ter o mesmo número limitado de plantas e animais padronizados.

TEMAS RELACIONADOS

BIOGEOGRAFIA
p. 134

ECOLOGIA POPULACIONAL
p. 136

BIOLOGIA DA MUDANÇA CLIMÁTICA
p. 144

DADOS BIOGRÁFICOS

CHARLES ELTON
1900-1991
Zoólogo e ecólogo britânico cuja obra *The Ecology of Invasions by Animals and Plants* [A ecologia das invasões de animais e plantas] (1958) definiu o campo de invasão biológica

MARK WILLIAMSON
1928-
Biólogo britânico, autor de *Biological Invasions* [Invasões biológicas] (1996)

CITAÇÃO
Nick Battey

Humanos invadiram quase todos os cantos da Terra, estimulando a propagação de espécies invasoras.

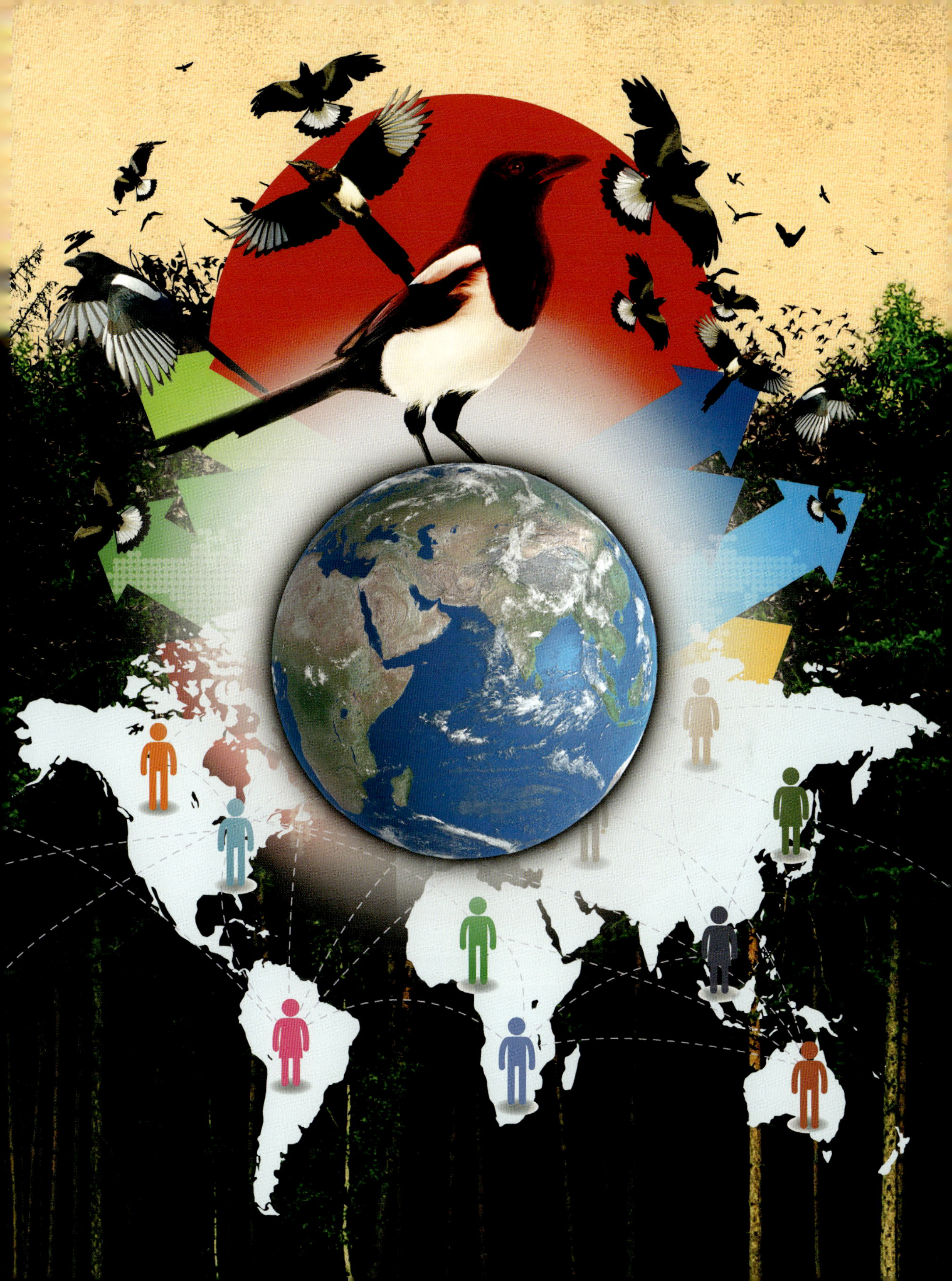

EXTINÇÃO

Não se sabe exatamente quantas espécies há em nosso planeta, mas a melhor estimativa calcula cerca de 9 milhões. Até o início da dominação humana, o índice de biodiversificação (calculado pelo número de novas espécies menos o das que se tornam extintas) permaneceu estável ou até levemente crescente. Hoje o índice de extinção é cerca de mil vezes maior do que antes dos humanos surgirem. Estima-se que perdemos entre 11 mil e 58 mil espécies de animais a cada ano. Esse aniquilamento repentino de espécies não é comum na história do planeta. Das cinco extinções em massa – há 443, 359, 251, 200 e 65 milhões de anos –, todas tiveram uma variedade de causas naturais. O impacto de um asteroide na península de Yucatán, na América Central, provocou um enorme esfriamento global e ocasionou a última. A presente crise de extinção de espécies, a sexta na história da Terra, tem sido promovida pela atividade humana. Fatores como perda de habitats, superexploração, espécies invasoras e mudança climática estão associados com a explosão populacional humana. Como resultado, metade de todos os animais e plantas que restaram devem ser extintos até o fim do século XXI, provocando instabilidade nos ecossistemas com consequências imprevisíveis. A natureza só sobreviverá ao ataque devastador dos humanos se conseguirmos administrar nosso impacto com mais sucesso do que o fizemos no passado recente.

SÍNTESE
A extinção é parte normal da evolução, mas o índice atual é provavelmente inédito na história de nosso planeta.

DISSECAÇÃO
A deextinção – trazer de volta espécies extintas utilizando o DNA ou esperma preservados – tem sido proposta para animais de destaque, como o mamute. Isso pode ser possível, mas parece uma maneira extravagante de desperdiçar recursos enquanto perdemos espécies atuais em uma velocidade alarmante devido à negligência humana.

TEMAS RELACIONADOS
BIOLOGIA DA MUDANÇA CLIMÁTICA
p. 144

ESPÉCIES INVASORAS
p. 146

POLÊMICA: O ANTROPOCENO
p. 150

DADOS BIOGRÁFICOS
E. O. WILSON
1929-
Norte-americano defensor da conservação da biodiversidade

A. D. BARNOSKY
1952-
Biólogo norte-americano que destacou a atual extinção em massa

CITAÇÃO
Nick Battey

Os humanos são responsáveis pela sexta extinção em massa na história da vida na Terra.

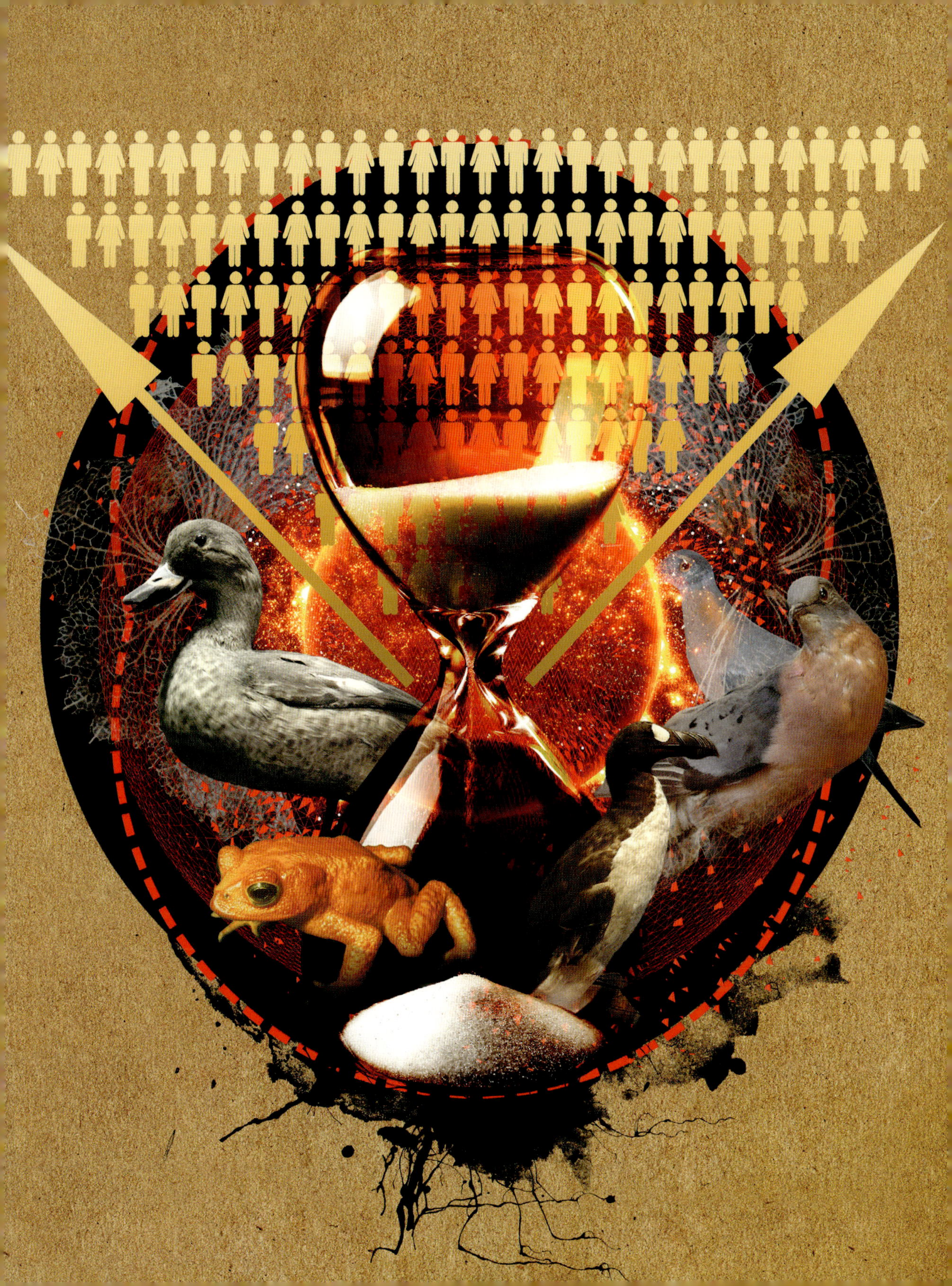

POLÊMICA
O ANTROPOCENO

"Antropoceno" é um termo que traduz o aumento dramático da influência humana no planeta nos últimos 200 anos. A população explodiu de 1 bilhão para 7 bilhões, a descoberta e a exploração de combustíveis fósseis levou a um aumento de 40 vezes no uso de energia e as emissões de gases do efeito estufa foram às alturas. As terras estão cada vez mais sendo dominadas por humanos, os rios estão condenados, os oceanos estão se acidificando e a destruição de espécies devido à atividade humana deve causar o sexto grande evento de extinção em massa da história do planeta. A escala do impacto humano aumenta a cada ano, e há também mudanças qualitativas: a tecnologia da genômica transformará o impacto humano sobre o mundo vivo. Tudo isso significa que nos tornamos uma força global, com a mesma potência de erupções vulcânicas, impactos de asteroides e terremotos. Podemos determinar o destino de nosso planeta como nunca antes. O Holoceno, que se iniciou no fim da última glaciação, está no fim. O Antropoceno, que será identificável nos registros geológicos daqui a milhões de anos por rastros químicos de plástico, extinções em massa, desaparecimento de florestas e aumento dos níveis do mar, está começando. Como aprenderemos a lidar com as aglomerações, os carros e os conflitos sinalizará outra característica distinta dos humanos: a cultura cumulativa.

SÍNTESE
O Antropoceno é a proposição de uma nova era geológica que reflete a fase atual de dominação humana na história de nosso planeta.

DISSECAÇÃO
A ideia do Antropoceno é controversa pela ênfase dada aos humanos, cujo 0,2 milhão de anos de existência como *Homo sapiens sapiens* moderno é uma piscada de olho em comparação aos 4,5 bilhões de anos da história de nosso planeta. Mesmo saber quando ele começou é complicado: poderia ser com o princípio da agricultura, com a Revolução Industrial ou com a Era Nuclear.

TEMAS RELACIONADOS
BIOLOGIA DA MUDANÇA CLIMÁTICA
p. 144

ESPÉCIES INVASORAS
p. 146

EXTINÇÃO
p. 148

DADOS BIOGRÁFICOS
PAUL CRUTZEN
1933-
Químico holandês que defendeu o uso do termo "Antropoceno"

EUGENE STOERMER
1934-2012
Biólogo norte-americano que cunhou o termo "Antropoceno" para destacar o impacto dos humanos no planeta

CITAÇÃO
Nick Battey

Mais e mais humanos, cada vez menos espécies de plantas e outros animais... Nosso tempo está acabando?

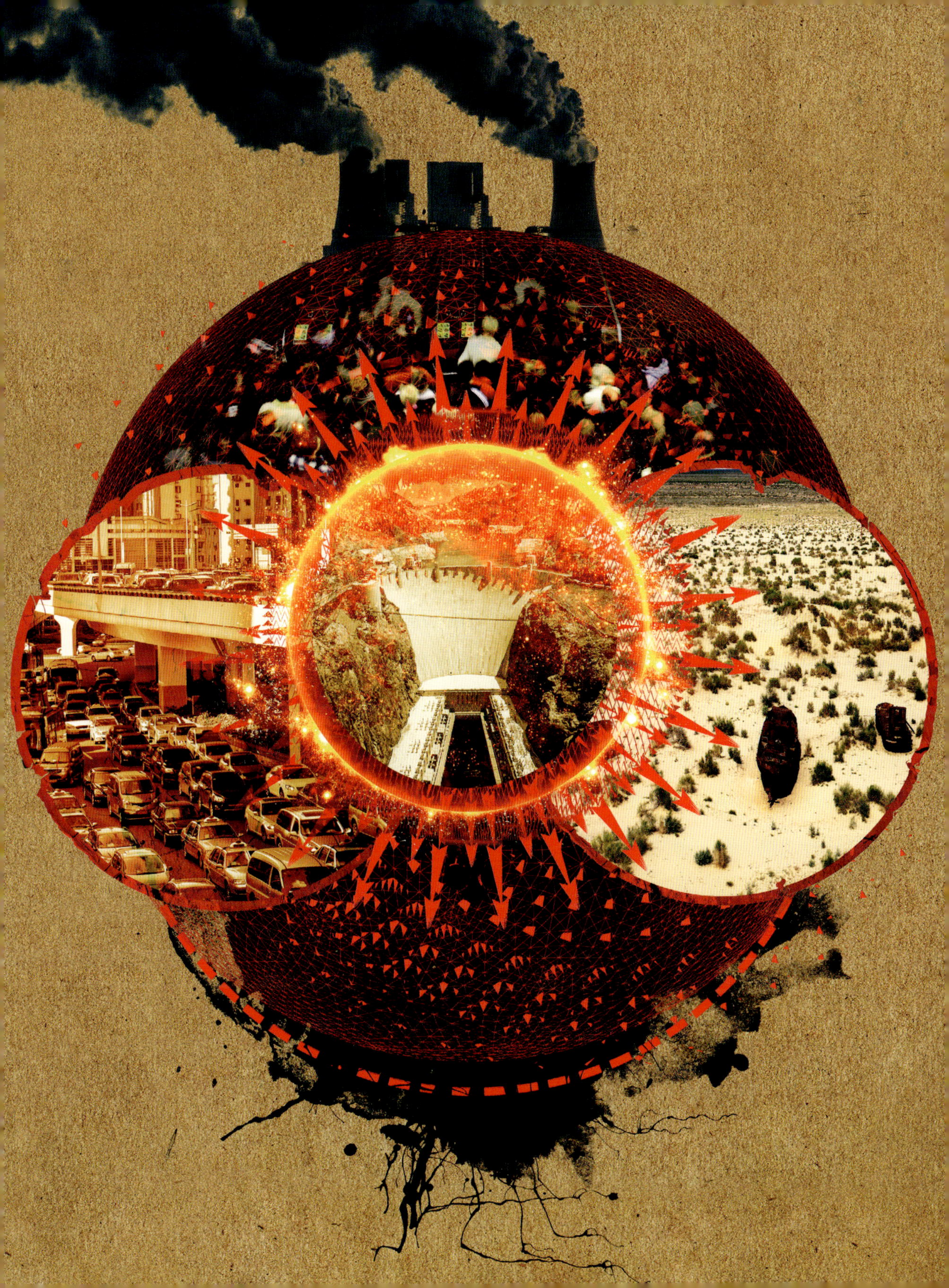

APÊNDICES

FONTES DE INFORMAÇÃO

LIVROS

Armas, germes e aço: Os destinos das sociedades humanas
Jared M. Diamond
(Record, 2001)

Biochemistry
Reginald H. Garrett e Charles M. Grisham
(Brooks Cole; 5th Edition, 2014)

Biologia de Campbell
Jane B. Reece et al
(Artmed; 10ª edição, 2015)

Biologia do desenvolvimento
Scott F. Gilbert
(Fundação Calouste Gulbenkian; 2008)

Biologia molecular da célula
Bruce Alberts et al
(Artmed; 5ª edição, 2009)

Biologia molecular e celular
Harvey Lodish et al
(Artmed; 7ª edição, 2014)

Biologia vegetal
Peter H. Raven et al
(Guanabara Koogan; 8ª edição, 2014)

Biology
Peter H. Raven et al
(McGraw-Hill; 7ª edição, 2005)

Diversidade da vida
Edward O. Wilson
(Companhia de Bolso, 2012)

Evolução
Mark Ridley
(Artmed; 3ª edição, 2006)

Fundamentos em ecologia
Colin R. Townsend, Michael Begon e John L. Harper
(Artmed; 3ª edição, 2009)

O gene egoísta
Richard Dawkins
(Companhia das Letras, 2007)

Genetics
Hugh Fletcher et al
(Garland Science; 4ª edição, 2012)

O maior espetáculo da Terra – As evidências da evolução
Richard Dawkins
(Companhia das Letras, 2009)

Microbiology
Simon Baker et al
(Taylor & Francis; 4ª edição, 2011)

Nature's Nether Regions: What the Sex Lives of Bugs, Birds and Beasts Tell Us About Evolution, Biodiversity and Ourselves
Menno Schilthuizen
(Penguin Books, 2015)

Plant Biology
Alison M. Smith et al
(Garland Science, 2010)

A sexta extinção: Uma história não natural
Elizabeth Kolbert
(Intrínseca, 2015)

The Variety of Life: A Survey and a Celebration of all the Creatures that Have Ever Lived
Colin Tudge
(Oxford University Press, 2002)

A viagem do Beagle: Extraordinária aventura de Darwin a bordo do famoso navio de pesquisa do capitão FitzRoy
James Taylor
(Edusp, 2009)

Vida: A ciência da biologia
David E. Sadava et al
(Artmed; 8ª edição, 2009)

SITES

British Ecological Society
http://www.britishecologicalsociety.org/100papers/100InfluentialPapers.html2
Aborda a pesquisa mundial sobre ecologia e traz cem artigos que influenciaram o pensamento atual.

Animal Diversity Web:
http://animaldiversity.org/
Informações sobre animais a partir de uma perspectiva taxonômica.

Royal Society of Biology:
http://www.rsb.org.uk
Informações gerais sobre biologia.

Encyclopedia.com Biology page
http://www.encyclopedia.com/topic/biology.aspx
Detalhes, referências e recursos sobre biologia.

iBiology http://www.ibiology.org
Amplo quadro sobre biologia.

Biology Reference
http://www.biologyreference.com
Inúmeros fatos sobre a vida na Terra.

The Tree of Life Web Project
http://tolweb.org/tree/
Plataforma colaborativa entre biólogos e naturalistas com informações sobre biodiversidade e história evolutiva.

SOBRE OS COLABORADORES

EDITORES

Nick Battey é professor de desenvolvimento vegetal na Universidade de Reading. Tem muitos trabalhos publicados sobre biologia vegetal pura e aplicada, e nutre um forte interesse pela história da biologia. É coautor do livro *Biological Diversity: Exploiters and Exploited*. Nick completou o bacharelado em ciência vegetal na Universidade de Wales e o doutorado em biologia do desenvolvimento vegetal na Universidade de Edimburgo.

Mark Fellowes é professor de ecologia na Universidade de Reading. Seu amplo interesse em pesquisas engloba temas como a evolução de resistência aos inimigos em insetos e as consequências da urbanização na abundância e diversidade da vida selvagem. Foi editor-chefe do livro *Insect Evolutionary Ecology*. Mark obteve bacharelado em zoologia e doutorado em biologia evolucionária no Imperial College London antes de se mudar para Reading, onde é atualmente diretor da Escola de Ciências Biológicas.

COLABORADORES

Brian Clegg estuda ciências naturais, com ênfase em física experimental, na Universidade de Cambridge. Após desenvolver soluções de alta tecnologia para a British Airways e trabalhar com o guru de criatividade Edward de Bono, abriu uma empresa de consultoria criativa, com clientes como a BBC e o Met Office. Já escreveu artigos para *Nature*, *The Times* e *Wall Street Journal*, e, entre seus livros publicados, estão *A Brief History of Infinity* e *How to Build a Time Machine*.

Phil Dash é professor associado de biologia celular na Universidade de Reading. Sua pesquisa investiga o movimento excessivo de células cancerígenas. Obteve o bacharelado em zoologia na Universidade de Reading, mestrado e doutorado em estudos sobre o câncer na Universidade de Birmingham.

Henry Gee é editor-sênior da revista *Nature*. Publicou amplamente sobre ciências biológicas, com especialização em evolução, como o livro *The Accidental Species: Misunderstandings of Human Evolution*. Henry obteve o bacharelado na Universidade de Leeds e o doutorado no Fitzwilliam College, em Cambridge.

Jonathan Gibbins é professor de biologia celular e diretor do Instituto de Pesquisa Cardiovascular e Metabólica da Universidade de Reading. É especializado no estudo das células sanguíneas que estimulam a coagulação após um ferimento, algo muito importante porque elas também provocam infartos e AVCs. Seu laboratório foi responsável por algumas descobertas fundamentais que dão esperança para o desenvolvimento de novos medicamentos para prevenir e tratar doenças cardiovasculares.

Tim Richardson foi premiado com um doutorado da Universidade de Reading por seu trabalho sobre fatores que influenciam o metabolismo no fígado. Trabalhou na pesquisa do câncer no St. Thomas's Hospital, em Londres, e na pesquisa de angiogênese na unidade do Conselho de Pesquisa Médica de Harwell. Em seguida, foi contratado pela Amersham International plc para desenvolver produtos para a pesquisa científica e trabalhou na administração de pesquisa e desenvolvimento. Em 2004, abandonou o setor privado para voltar à academia e hoje trabalha na Escola de Ciências Biológicas da Universidade de Reading.

Tiffany Taylor é professora-pesquisadora de ciências biológicas na Universidade de Reading. Bióloga evolutiva, sua pesquisa inclui a evolução das redes regulatórias genéticas, código genético e ecologia evolutiva da dispersão no câncer (metástase). Defensora da educação científica para adultos e crianças, publicou dois livros infantis sobre evolução: *Little Changes* e *Great Adaptations*.

Philip J. White obteve o bacharelado na Universidade de Oxford e o doutorado na Universidade de Manchester. Publicou mais de 300 artigos científicos e foi incluído por Thomson Reuters na lista das mais influentes mentes científicas do mundo em 2014. É também membro do Conselho Internacional de Nutrição Vegetal, professor titular de biologia na Universidade King Saud e professor honorário da Universidade de Nottingham. Atualmente lidera um grupo de pesquisa no James Hutton Institute, em Dundee, em projetos relacionados à nutrição mineral de plantas e lavouras sustentáveis.

ÍNDICE

A
abelhas 124
adaptação 114
AIDS 21
alelos 34, 40
algas 21-2, 24, 26, 98, 113, 122
algas marinhas 22
amebas 7, 14, 22
aminoácidos 34, 92, 102
Anatomy of Plants, The 82
anemia (deficiência de ferro) 102
anemia falciforme 40
animais 8, 18, 22, 24, 28, 30, 52, 66, 78, 87-8, 92, 118, 126
    reconhecimento de si 124
antibióticos 18, 24, 114
antioxidantes 128
Antropoceno 7
aptidão 47
    inclusiva 35, 47
aranhas 28
arquea 16, 22, 112, 122
Armillaria bulbosa 24
artérias 66
artrópodes 28
aspirina 26
aves 66, 113-4, 124, 128

B
bactérias 8, 14, 18, 30, 53, 74, 98, 104, 112, 114, 122, 124, 126, 132
    Bacillus anthracis 18
    Clostridium tetani 74
    Escherichia coli 74
    Mycobacterium bovis 132
    Mycobacterium tuberculosis 74
beribéri (deficiência de vitamina B_1) 102
biocombustíveis 108
biodiversidade 92, 108, 132, 140, 148
bioética 68, 86-7
biofilme 12, 18, 72, 74
biomedicina 7
biotecnologia 12, 30, 68, 72
Blackburn, Elizabeth 86-7
Blaxter, Kenneth 100
bolor limoso 22

Borlaug, Norman 8, 96-7

C
cachorros 28, 87-8, 118, 128
câncer 42, 52, 56, 58-9, 72-3, 84, 106
    câncer cervical 58-9
carboidratos 92, 94, 102
células 6, 12, 14, 16, 18, 22, 26, 28, 30, 36, 42, 47, 52-4, 72, 82, 84, 92, 94, 122, 128
    apoptose 72, 84, 93, 106
    células diploides 72, 78, 82
    células-tronco 53, 68
    ciclo celular 54
    divisão celular 54
    especialização celular 68, 82
    limite de Hayflick 128
    senescência celular 106
cerveja 24
chimpanzés 124, 142-3
cianobactéria 12, 18, 21, 92, 98, 112, 122
citoplasma 12, 22, 36, 112
clonagem 12, 30, 52, 68
clorofila 26, 80, 93
cloroplasto 12, 20, 22, 93, 98, 113
coanoflagelados 12
cocolitóforos 22
cólera 18
coluna vertebral e medula espinhal 62, 68
combustíveis fósseis 108, 132
cometas 14
comportamento cooperativo 47
conservação 133, 136, 143, 148
coração 66
corvos 124
cromossomos 34, 38, 52-4, 72, 74, 87, 93, 106
crustáceos 28
Curie, Marie 84

D
Darwin, Charles 47, 73, 112-4, 116, 120-1, 126, 133
    A descendência do homem 120-1
Dawkins, Richard 47

dendritos 62
deus 28, 121
diatomáceas 22
dinoflagelados *Warnowiaceae* 22
diploide 72, 78, 82
DNA 12-4, 16, 21-2, 30, 36, 40, 42, 44, 52, 54, 72, 74, 84, 88, 93, 106, 112, 126, 128, 148
doença do sono 22
Dolly, a ovelha 12, 30, 72, 88

E
Ebola 14
ecossistema 132-3, 146, 148
efeito estufa, gases do 108
elefante 124, 128
Elton, Charles Sutherland 138, 146
endossimbiose 93
envelhecimento 106, 128
enzimas 30, 36, 54, 93, 122
escorbuto 93, 102
espaço 14
espécies 24, 26, 28, 35, 40, 112-4, 118, 132
    árvore genealógica 126
    distribuição 134
    especiação 113, 114
    espécies ameaçadas 133
    extinção 136, 144, 148
    homogeneização biótica 132, 146
    invasoras 146
    relocação 148
esporos 13, 24, 26, 74
esqueleto 64
estrela-do-mar 28
estromatólitos 18
etanol 108
evolução 6, 114, 118, 126, 148
extinção 136, 144, 148

F
fator de crescimento epidérmico 56
fibrose cística 18, 74
fígado 54, 100
Fisher, Ronald A. 40, 47, 113, 116
Fleming, Alexander 24
florestas tropicais 140
foraminíferos 22

Ford, Henry 108
fotossíntese 13, 21, 26, 73, 80, 92-3, 98, 100, 102, 104, 112, 122, 140
Franklin, Rosalind E. 36
Freund, Leopold 84
fungos 22, 24, 112, 122, 126

G
Gaia, Hipótese 21
gametas 72, 78, 82
gatos 28, 87-8, 128
Gene egoísta, O 47
genes e genética 6
    alteração 13, 30, 72, 88
    derivação 35, 40, 113
    epigenética 42
    fluxo gênico 40
    fundo genético 72
    genes dominantes 38
    genes recessivos 38
    genética mendeliana 38
    genética populacional 40, 47
    genoma 13, 30, 34, 44, 47, 100, 133
    genômica 133
    mutação 113
    sequenciamento 18
    teste genético 48
    unidade de hereditariedade 34, 93
    variação 78
    vegetais transgênicos 73, 88
Glissmann, Lutz 59
globalização 146
Goethe, Johann Wolfgang von 80
golfinhos 124
Goodall, Jane 124, 142-43
gota (deficiência de iodo) 102
grafiose 24
gripe 14, 146

H
Haldane, J. B. S. 28, 40, 47
Hamilton, Bill 46-7, 116
hamster 128
hanseníase 18
haploides, células 72, 78, 82
Harvey, William 66

Hayflick, Leonard 128
hidrofobia 14
hifas 24
HIV 14, 21, 47
Hoffmann, Jules A. 60
Hofmeister, Wilhelm 82
hormônios 52, 56, 100
Hoyle, Fred 14

I
insetos 28, 66, 118, 124
insulina 52, 56
iogurte 18

K
Krebs, Hans 94, 100
Kuhn, Werner 104

L
Leeuwenhoek, Antonie van 18, 22
leveduras 22, 24
Lewis, Edward 76
Lind, James 102
linfócitos 53, 60, 106
Lineu 26
lobos 133
Lovelock, James 21

M
macrófago 53, 60, 106
malária 22, 47
Malthus, Thomas Robert 136
mamíferos 28, 66, 72, 92, 128
Margulis, Lynn 20-2, 98, 122
meiose 53-4
Mendel, Gregor 38
meningite 18
metabolismo 18, 93, 100, 104, 128
metaboloma 35, 44, 93, 100
metano 16, 104, 108
microscópio 14, 18, 22
migração 35, 40, 113
mimivírus 14
minerais 102, 108, 122
mitocôndria 13, 21-2, 92, 94, 122
mitose 52-4
moluscos 28
mRNAs: ácidos ribonucleicos mensageiros 36

mudança climática antropogênica 6, 132, 144
mutação 35, 40
mutualismo 112, 118, 122

N
nervos e impulsos nervosos 62, 64, 68
neurônios 62
neurotransmissores 62
neutrófilos 60
nitrogênio 18
núcleo 13, 22, 88, 92, 112

O
OGMs: organismos geneticamente modificados 30
Origem das espécies, A 47, 120, 121, 126
ovelha 28
oxigênio 18

P
pâncreas 52, 56
pandoravírus 14
papiloma vírus humano (HPV) 53, 58-9
paramécio 22
parasitas e parasitismo 112, 114, 116, 118
Pasteur, Louis 14
Pauling, Linus 126
penicilina 24
peste bubônica 18
pinguins 126
plasmídeos 74
polinização 26, 118
polvos 124
populacional, genética 40, 47
porcos 28
pós-mitose 106
predadores
  gazelas e guepardos 118, 124
  redes tróficas 138
Prêmio Nobel da Paz de 1970 Norman Borlaug 96-7
Prêmio Nobel de Medicina
  1933 Thomas H. Morgan 38
  1978 Werner Arber, Hamilton

Smith, Daniel Nathans 30
  1995 Christiane Nüsslein-Volhard (com Edward Lewis e Eric Wieschaus) 76
  2008 Harald zur Hausen (com Françoise Barré-Sinoussi e Luc Montagnier) 58-9
  2009 Elizabeth Blackburn (com Carol Greider e Jack Szostak) 86-7
Prêmio Nobel de Química de 1961 Melvin Calvin 98
procariontes 13, 16, 22, 52, 112, 122
Projeto Genoma Humano 44
proteínas 35-6, 42, 44, 52, 54, 64, 92, 94, 100
proteobactérias 21
proteoma 35, 44
protistas 13, 18, 21-2, 113, 126
pulmões 66
queijo 18

R
radioatividade 84
radiolários 22
radioterapia 73, 84
raquitismo 93, 102
renaturalização 133, 148
reprodução 14, 24, 26, 52-4, 62, 64, 72, 76, 78, 82, 112, 128
ribossomos 36
RNA 13, 14, 35-6, 42, 53, 73, 93

S
Sagan, Carl 20
Sanger, Frederick 44, 87
sangue e circulação 52, 66, 84
segurança alimentar 92, 108
segurança energética 108
seleção natural 35, 40, 47, 66, 73, 78, 113-4, 116, 120, 133
seleção sexual 113, 116
seleção 40
Shakespeare, William 144
sífilis 18
simbiogênese 13, 20-1, 122
simbiose 93
sinapse 62

sistema imunológico 53, 62, 68
sistema nervoso autônomo 62
sistema nervoso central 62
Sociedade Real 46

T
telômeros e telomerase 86-7
tênia 113
tétano 74
trigo-anão 92, 96-7
tripanossomo 22
tuberculose 18, 74
tuberculose bovina 132, 136
tumor 73, 84
eucariontes 13, 16, 22, 24, 52-4, 112, 122, 126

V
vacas 28, 114, 118, 122
vacinação 53, 59-60
varíola 14
vegetais 8, 18, 22, 24, 26, 30, 52, 80, 82, 92, 98, 102, 108, 113, 118, 122, 124, 132, 140
veias 66
vermes 28
"viva rapidamente e morra jovem" 128

Villiers, Ethel Michele de 59
vinho 24
vírus 14, 30, 53, 87, 106, 146
vírus Epstein-Barr 52
vitaminas 93, 102, 128

W
Wallace, Alfred Russel 121, 134
Watson, James e Crick, Francis 36
Wright, Sewall G. 40, 47

AGRADECIMENTOS

A Ivy Press gostaria de agradecer às seguintes pessoas e organizações pela gentileza de autorizar a reprodução das imagens deste livro. Todos os esforços foram feitos para dar o devido crédito às fotografias; não obstante, pedimos desculpas caso tenha havido alguma omissão involuntária.

Getty/ Thomas Lohnes: 58.

James King-Holmes/Copyright © James King-Holmes 1996: 46.

Shutterstock/ A7880S: 29TC; Aaltair: 147CT; Abeselom Zerit: 9, 125TC; Adike: 67C, 137C(BG); Africa Studio: 149C; Agsandrew: 15CEeT; ailin1: 147T; Ailisa: 123C(BG); AkeSak: 85C(BG); Alekleks: 141C(BG); Aleksey Stemmer: 127TD; Alesandro14: 49C; alexassault: 103CTeC(BG); Alexilusmedical: 57T,CeB; Alila Medical Media: 37C, 37R; Alslutsky: 77CeB, 129TE; Anan Kaewkhammul: 29TD, 127CD, 137TC; Andrey_Kuzmin: 37C(BG), 129TD, 129CD; Andris Torms: 109C; antoni halim: 127CE; ANURAK PONGPATIMET: 29TE, 127CE; AridOcean: 135CD, 135C; Aromaan: 137C(BG); art4all: 147C(BG); Astronoman: 37C; Attila Jandi: 142; Balein: 19CD, 19TE, 29CE, 57T, 61CEeCD; Bardocz Peter: 135CD; Benny Marty: 119CE; BOONCHUAY PROMJIAM: 129TC; Chad Zuber: 29CE; Charles Brutlag: 81BD; Christian Musat: 135C; Chromatos: 43BC, 43TC, 101CeB(BG); Chuck Wagner: 117CD; Chungking: 151CE; cla78: 117CeBC; Computer Earth: 127CD, 129CD; CreativeNature R.Zwerver: 117CE; D. Kucharski K. Kucharska: 23TD, 31TD; Dangdumrong: 129TE; Daniel Prudek: 151CD; Danny Xu: 25CD, 29TC; Dariusz Majgier: 135C(BG), 145C(BG); David W. Leindecker: 145CE; decade3d - anatomy online: 41CeB; design36: 45C; Deyan Georgiev: 127CE; Dima Sobko: 119BD; Dirk Ercken: 145TD; DK Arts: 27TC, 81CeT; DnD-Production.com: 29TD; Donjiy: 129TD; DrimaFilm: 107C(BG); Dwight Smith: 127TE; Edward Westmacott: 127TC; Ekkapon: 127TE; Elnur: 31CEeCD; Eric Isselee: 89C, 119BC, 119CD, 125CD, 127CD, 129TC, 129TE, 135CD, 135BD, 147TC; EV040: 49C(BG); extender_01: 95C; Fedorov Oleksiy: 141B; Filip Fuxa: 17T; Fototehnik: 117BC; GarryKillian: 63C(BG); Gen Epic Solutions: 31C, 89C; Glenn Young: 81BC; Grebcha: 19CeCE, 25C(BG); Haru: 109C(BG); Hedrus: 123C; Hein Nouwens: 65BE, 81BE; Holbox: 127CD; Horiyan: 31C; Horoscope: 61B; HUANSHENG XU: 27CEeCD; Iakov Filimonov: 129TD, 129C; Iamnao: 127TD; Ian 2010: 109CD; Ian Grainger: 149C(BG); Ivosar: 29TC; Jakkrit Orrasri: 29TE; Jbmake: 29TD; Jezper: 85TC, 107TC; Joe White: 23C; Johannes Kornelius: 29TE; jreika: 27C; Juan Gaertner: 63T(BG); Jubal Harshaw: 23CeBE, 27C(BG), 29BC, 81TC; Jukurae: 17CeB; jules2000: 41BEeBD; Juliann: 109BG; jumpingsack: 147T; Justin Black: 145BD; Katarina Christenson: 147T; Kateryna Kon: 19CD, 29TC; Keith Publicover: 79CeB; Khoroshunova Olga: 29C; Kichigin: 15CL; Kletr: 129CE; Kositlimsiri: 145C(BG); Kostyantyn Ivanyshen: 103TEeBD; Kuttelvaserova Stuchelova: 83DeE; Le Do: 27TC; Lebendkulturen.de: 7, 23CE, 23TD, 125C(BG); Leonid Andronov: 95B; LeonP: 125C, 125CE; Lev Kropotov: 27BE; Lightspring: 83CeT, 85C, 103C; Linda Bucklin: 105C; Ljupco Smokovski: 119C; Login: 31TC, 55C(BG); Lukiyanova Natalia / frenta: 55T,CeB; M. Unal Ozmen: 31BEeBD; MAC1: 127CE; Madlen: 99CeT(BG); majeczka: 27TE,TD,eBD; Maks Narodenko: 89CeT, 127CE; Maksym Gorpenyuk: 139C; Marcel Jancovic: 123CD; mariait: 29TC; Markus Gann: 99TC; MARSIL: 147TD; matthi: 151CT; Meister Photos: 135CE; MichaelTaylor: 23TE, 29BC; MichaelTaylor3d: 107CD; microvector: 45C; Mike Truchon: 115TE; Mikhail Kolesnikov: 17C; molekuul.be: 43TEeTC, 43BCeBD, 61C, 95BEeBC, 101CeT(BG); Mopic: 99C, 107C; Morphart Creation: 135CE; motorolka: 139C; Muellek Josef: 129C; Nagel Photography: 79CeT; NattapolStudiO: 117T(BG); Natykach Nataliia: 49C; Nazzu: 141C; Nejron Photo: 29TD, 129CD; NickSorl: 89C(BG); Nixx Photography: 15C, 15CD, 75BeBG; Nowik Sylwia: 49C(BG); O2creationz: 75T,CeB; Ociacia: 31CEeCD; olcha: 129BD; Only Fabrizio: 25C; Onur Gunduz: 19C, 19CEeT, 29C, 127CE; Oscity: 151C; ostill: 101C; piai: 45C(BG); Pakhnyushchy: 129TC; Pan Xunbin: 23BD, 99C(BG), 127TC; panbazil: 139TC; Pavel L Photo and Video: 151T; PCHT: 117TC, 129TE; petarg: 43C, 95T; PeterVrabel: 119TC; Petr Vaclavek: 101C(BG), 139C; Photo Image: 83CeT(BG); Photobank gallery: 147C; Photoonlife: 127CD, 129TD; Photoraidz: 149C(BG), 151C; Praiwun Thungsarn: 89C(BG); Promotive: 61TDeTC; Protasov AN: 29TC, 79CD; qushe: 67C(BG); RAJ CREATIONZS: 79BC; Ramona Kaulitzki: 65C; rck_953: 147T; Robert L Kothenbeutel: 139TC; Roman Samokhin: 29TD; Rosa Jay: 129TC; S K Chavan: 63C; Sanit Fuangnakhon: 109BC; sciencepics: 23C, 83C; Sebastian Kaulitzki: 41CeB, 63C, 65B, 105CCEeCD, 105CeBC, 107CE; shaziafolio: 31CEeCD, 49BEeBD; Slavoljub Pantelic: 109CE; Smit: 29TD; SOMMAI: 83B; stihii:67C; Stock Up: 127TC; stockphoto mania: 25B; Stubblefield Photography: 115CD; subin pumsom: 129CE; Suchatbky: 25CE; sutham: 29TE, 127CE; Svetlana Foote: 29CD, 127CD; Talvi: 29TC; Tania Thomson: 129CE; Tatiana Volgutova: 39TEeTD; Tatuasha: 39T,CeB; tdoes: 29CD, 129TD; The Biochemist Artist: 45C(BG); toeytoey: 125TeB(BG); Vaclav Volrab: 79CE; Val_Iva: 29CE; valdis torms: 31C(BG); Valentina Razumova: 139B; Victeah: 31C; Vikpit: 31C(BG), 45C(BG), 49C(BG); Vitoriano Junior: 135CE, 135C; vitstudio: 69C(BG); Vladimir Sazonov: 145TCeBC; Vladislav Gurfinkel: 135C; Voin_Sveta: 147B(BG); Volodymyr Krasyuk: 25C; Vshivkova: 69TC, 69BC, 107C(BG); vvoe: 103C(BG); waniuszka: 104CeB(BG); watchara: 39C(BG), 41C(BG), 43C(BG), 95C(BG), 139C(BG); xbrchx: 123BD; Yure: 55BG; Yuriy Vlasenko: 109CE; Zern Liew: 29C, 127C.

Wellcome Library, Londres: 19BE, 77TeC(BG).

Wikimedia Commons/Axel Meyer: 41TeC; Cephas: 149CD; Charles H. Smith / U.S. Fish and Wildlife Service: 149BE; James St. John: 149CD; Javier Pedreira: 20; Jim, the Photographer: 149CE; Mateuszica: 127BC; Mike Pennington: 149BD; US Embassy Sweden: 86; Wellcome Images: 37L(BG), 49BG, 65TDeCD, 81T, 137BC.